能量决定人生

卢战卡 —著

当代世界出版社
THE CONTEMPORARY WORLD PRESS

图书在版编目（CIP）数据

能量决定人生 / 卢战卡著 . -- 北京：当代世界出版社，2024.4
ISBN 978-7-5090-1813-2

Ⅰ . ①能… Ⅱ . ①卢… Ⅲ . ①成功心理—通俗读物 Ⅳ . ① B848.4-49

中国版本图书馆 CIP 数据核字（2024）第 030700 号

能量决定人生

作　　者：	卢战卡
监　　制：	吕辉
责任编辑：	孙真
出版发行：	当代世界出版社有限公司
地　　址：	北京市东城区地安门东大街 70-9 号
邮　　编：	100009
邮　　箱：	ddsjchubanshe@163.com
编务电话：	（010）83908377
发行电话：	（010）83908410 转 806
传　　真：	（010）83908410 转 812
经　　销：	新华书店
印　　刷：	固安兰星球彩色印刷有限公司
开　　本：	787 毫米 ×1092 毫米　1/32
印　　张：	6
字　　数：	150 千字
版　　次：	2024 年 4 月第 1 版
印　　次：	2024 年 4 月第 1 次
书　　号：	ISBN 978-7-5090-1813-2
定　　价：	49.80 元

法律顾问：北京市东卫律师事务所　钱汪龙律师团队（010）65542827
版权所有，翻印必究；未经许可，不得转载。

写在前面：潜伏人生的能量密码

为什么我们很多人懂了那么多道理，却还是过不好这一生？

比如：你明明知道生气不好，但就是控制不住自己的情绪；你明明知道熬夜不好，但就是控制不住玩手机；你明明知道拖延不好，但就是非要等到事情非做不可时再着急……

学习也是如此，很多人学的时候感觉都懂，用的时候却有心无力，总觉得"一学就会，一用就废"，这到底是为什么呢？

究其根本，"知道却做不到"，根源只有一个，那就是能量不足。

能量，是支撑人发挥作用的根本力量，也是拉开人与人之间差距的根本因素。

就像同样是上学，之所以会形成"学霸"和"学渣"的区别，不在于谁更聪明，而在于谁能学进去。而学进去，要靠能量，"学霸"一学习就兴奋，"学渣"一学习就犯困，学习的能量不同，结果自然就会不同。工作、创业，其他种种，无不如此。

遇到问题，很多人喜欢做表面功夫，感觉自己口才不好，就去学演讲；感觉自己业绩不达标，就去学销售；感觉自己气质不佳，就去学礼仪……总之头痛医头，脚痛医脚，从来不分析问题背后的深层次原因，到最后，学了一大堆花里胡哨的表面技巧，仍然是治标不治本，一换场景，一有突变，立马被打回原形。

想从根本上解决问题，就必须从能量下手。 就像电动车，能跑多远，不取决于司机的车技有多好，而取决于电池的容量有多大。**根本问题不解决，一切浮于表面的努力，都没什么大用。因为没有能量支撑，一切都会停下来。**

就像有些人明明知道培养好习惯是对的，但就是坚持不下来；就算制定了目标，最后也很容易半途而废；不想真的"躺平"，却又被私欲、恐惧、后悔等不同的情绪来回拉扯……已经记不清用灵魂的鞋底子抽过自己多少遍了，但依旧是"间歇性踌躇满志，持续性萎靡不振"，有时感觉自己活得像个玩偶，意识行为根本不受自己控制。

那我们的意识行为，到底是在被什么控制？

答案是：**无形的能量系统。这个世界，总是无形的在控制有形的。** 比如：决定灯亮不亮的，不是有形的开关，而是开关背后那无形的电能系统；决定我们大部分行为的，不是我们想得到的意识，而是我们意识背后想不到的潜意识能量系统。这些能量，就像冰山藏在海平面以下的那一大部分主体，它才是决定一切成败的力量。

但在现实生活中，我们大部分人都不太重视加强能量系统，就像一个人从来不注重加强自身的免疫系统一样，随便一个风吹草动都能让其致病，而每次感冒、过敏都只会用药来压，周而复始，药越用越猛，最后把免疫系统搞崩溃了。每一个人的能量系统都是由这个人的信念动机、行为准则和心灵境界决定的，而一个人的能量系统又决定了这个人一生的方向。**一个人不注重内在升级，就很容易被外在因素影响，一旦被负能量裹挟，就很容易深陷其中，恶性循环下去。所以，想活出真正的自己，就必须强化内在能量系统。**

我有幸在上大学时，就接触并受益于能量系统的加持，让我从一个自卑、内向、贫穷的抑郁少年，逆袭成为一个能干成点儿事的大学生创业者。而毕业后的前9年，有过膨胀，有过急躁，也有过执着，一路创业，从辉煌到落寞，尝尽了各种苦头。后来我痛定思痛，决定还是要回到根本，回到自我的能量管理上。

神奇的是，当我开始这么做的时候，我周围的一切又开始变得顺利。除了家庭和美、儿女争气，事业上的合伙人和工作伙伴也是灵魂伴侣型的，成了朋友口中"家庭事业双丰收的人生赢家"，而我内心最庆幸的是，我拥有了一个全新的自己，更能悦纳自己和经历的一切人事物。我的亲身经历告诉我，**能做好能量管理，就能管理好人生的一切。**

这些年来，我一边通过不断学习、实践和复盘，不断完善修正我对能量系统的认知，一边不遗余力地给更多人分享能量系统如何重塑。每当我看到学员那种由内而外、焕然一新的改变时，我是发自内心地为他们感到高兴。我相信，他们能量上的改变，一定会带动他们周围更多人的改变，这样的能量带动，会不断地传承下去，想想都是无比美好的事，我觉得没有什么是比这个更值得我去做、更让我欢喜的事了。

如今，通过碎片化知识的短视频分享，我在全网的粉丝已突破2000万，但由于短视频无法系统化解决人的能量问题，因此，为了帮助更多的朋友从能量修炼中受益，我把这些年来我对能量修炼的研究、实践和对能量运转规律的洞察，总结成八大核心要点，算是打造能量系统的八把钥匙，集中梳理，汇编成书，以便各位读者参考。我真心希望通过本书，帮助更多想要防止生命状态下坠的朋友，学会能量管理，不断提升自己的生命状态，绽放精彩的人生。

这个世界的能量运转规律，一向都是高能影响低能。当你能量低的时候，你会被无数高于你的能量所干扰，经常活得很矛盾。当你能量足够高的时候，你就会形成强大磁场，可以瞬间影响周围的一切人事物。所以说，人生没有比提升能量更重要的事了。如果你不想再过那种"知道却做不到"的人生，最好的方式，就是靠近高能量的人和环境，吸收高维的认知和能量，重塑你的能量系统。

在此补充一下：科学家发现，在任何一个组织里面，都有一个规律，少数高能量级的人的能量可以抵消绝大多数人的负能量。整个组织的整体能量水平取决于全体组织成员的平均能量水平。因此，在一个组织中，高能量级的人越多，组织本身的能量层级也就越高。打造成功组织的秘密法则就是：提升组织的整体能量层级水平。无论是公司，还是家庭，这个法则都适用，所以，同修共振才是组织在能量突围中的必由之路。

无论你是个人，还是组织的负责人，无论你想实现什么，我都希望你能从这本书里的八把钥匙中汲取能量，也希望能通过你的改变，带动更多的人，一起同修共振，共同参与到能量觉醒的阵营中来，一起结伴同行，你才更容易实现目标，也更能感受到喜悦与富足。

最后，我要感谢每一位朋友给予我的能量加持，尤其是在本书出版前后提供辅助、建议和支持的每一位朋友，让我和你有缘通过此书打通能量的壁垒。同时，也真诚地希望，我们一起用自身的改变，把这份能量一直传递下去！

目录 | CONTENTS

钥匙一：唤醒原动力

1.1 | 从动力驱动到原动力觉醒 ················ 002

1.2 | 原动力和动力 ································ 006

1.3 | 如何找到原动力 ···························· 012

钥匙二：为热爱而生

2.1 | 要真热爱，不要"伪热爱" ··············· 024

2.2 | 热爱可抵千重难 ···························· 031

2.3 | 找到有价值的天赋热爱 ··················· 038

钥匙三：真正的自信

3.1 | 人人都有自卑感？ ························· 044

3.2 | 什么是真正的自信 ························· 050

3.3 | 随时随地充满自信 ························· 057

钥匙四：气场和魅力

4.1 | 人人都逃不了的慕强天性 ················ 070

4.2 | 慕强的本质和人性刚需 ··················· 074

4.3 | 打造气场魅力的核心法门 ················ 084

钥匙五：与消耗绝缘

5.1 降低你能量水平的超级"杀手" 100

5.2 为什么很多人无法摆脱恶习 105

5.3 从内到外，停止人生消耗 110

钥匙六：培养微习惯

6.1 很多人无法养成好习惯 118

6.2 从习惯到微习惯 123

6.3 微习惯如何培养 129

钥匙七：潜意识训练

7.1 潜意识究竟如何影响我们的命运 136

7.2 潜意识的形成 141

7.3 如何训练潜意识 148

钥匙八：能量的管理

8.1 能量是操控一切的根源 156

8.2 从负能量到正能量的转念心法 160

8.3 会爱的人，从不缺能量 163

8.4 如何在事上做好能量管理 171

钥匙一

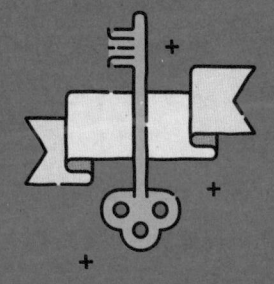

唤醒原动力

▶ 想要激活能量状态,靠外在动力就够了;而想要保持能量状态,就必须要唤醒内在原动力。一个人只有找到自己是谁、该怎么活着的原动力,才会生发无限能量,持续拥有好状态。

1.1 │ 从动力驱动到原动力觉醒

我从小在农村长大,小学五年级经历家庭变故,变得极度内向自卑,甚至一度抑郁,大约 6 年才走出来。后又遇父亲患癌去世,母亲只能借钱供我读书,当时不忍拖累母亲,就逼自己边工作边读书,没想到这却成了我人生的转折点。

大学期间,我通过校外实践供了三个大学生,我爱人、小舅子和我自己,也帮家里还清了债务,最重要的是,我通过一次次的实践,终于找到了自己热爱的方向,那就是做一个教育工作者。当时我认为,没有什么比影响他人人生更重要的事了。自此,一晃 10 年,我在全国做了近 2000 场演讲而乐此不疲,从创业教育到创业孵化,虽然事业有波峰也有波谷,但每每感受到一些新的朋友被影响带动,内心就会充满喜悦。

后来,我借着知识付费和新媒体的春风,在线上也取得了一些成绩和影响力。在今日头条、百度百家等多个平台,我从专栏销量冠军到被邀请成为平台冠军导师,多个爆款专栏让我几乎拿遍了几大平台的大奖。短视频分享也让我在全网拥有了 2000 多万粉丝,甚至曾经年度达到 10 亿次的播放量。新书《影响式表达》系列,一经出版,便一度霸占抖音、快手等多个平台的热销榜。后来,受电视台邀请做节目导师,出席各种论坛、峰会做主题分享,为 500 强企业做培训和顾问,为扶贫助农、公益助学的尽心之举也得到了主流媒体的关注和报道……一下子,我好像从线下普通人变成线上网红,很多人认识了我。但不管怎样,我热爱分享的习惯一直未变。

我很庆幸遇到了好时代,也很庆幸自己早年便遇到了真正的热爱,不光是事业,还有爱人,我们作为彼此的初恋,一路走来,是夫妻,是战友,也是灵魂伴侣,如我热爱的事业一样,整个过程都乐此不疲,彼此滋润心田,还经常伴着惊喜,比如我们的一儿一女。女儿爱读书、画画,儿子爱运动、下棋,我同样为他们都有自己热爱的事而感到高兴。

很多朋友羡慕我的状态,因为在他们看来,我的奋斗并不痛苦、也不费力,一切仿佛水到渠成。实际上**我只是恰巧做了我热爱的事而已,结果也只是喜悦富足的伴生品**。其实人无论年龄几何,无论身处哪里,**想要活得精彩,最重要的就是找到自己真正热爱且有价值的方向,只有这样,才能唤醒人生的原动力,唯有原动力可以提供源源不断的动力,让你每一次做事都能充满能量、效能更高。**

当然,很多人不是一下子就能找到自己热爱的事,我也不例外。**在找到热爱的事之前,想做好事情,也需要动力驱动,只不过产生动力的因素可能是外在的、暂时的,容易有时效性。** 就像我大学时的独立和担当,刚开始的动力是心疼我妈,想给我妈减轻负担并帮家里还债,所以就必须克服自卑内向胆小的缺点,硬着头皮去干没干过的事。这个过程中我能坚持下来,也要感谢一路上用嘲笑、打击、欺骗等方式激发我斗志的人。我记得那时的我，对自己说的最多的一句话就是：**"不要让爱我的人等太久，也不要让笑我的人笑太久！"**

当时的动力，基本都来源于外部环境的刺激。家境窘迫，所以我必须早当家；被人刺激，所以我必须立起来。现在看来，那时的我多少都有点儿自我突围和自我证明的味道，有一种苦大仇深的悲壮感。其实很多年轻人第一次逆袭也差不多，**人只要有危机感和羞耻心，任何的外部刺激都可以转化为动力。**

当然，这也有局限性，因为**当外部刺激因素作用减弱，人就必须谋求更大的动力。**因为当初让你产生危机感和羞耻心的外部因素，会随着你的自我强大，而变得越来越微不足道。所以，想保证动力的持续稳定性，人终究是要找到不受危机感和羞耻心驱动的发展方向，无疑，**热爱就是最好的配方。**

因为**真正的热爱，是"我爱你，与你无关"。无论对人、对事，热爱都是由内而外、由自我决定的，不受任何外在环境条件所影响。就像一个真正热爱演讲的人，不会因为听演讲的人少就不好好讲。所有有条件的爱，本质上都是交易，都不是真爱。真正的爱，会令人生发出不顾一切的激情和力量，全力以赴。**遇到困难、挑战，也会乐此不疲，直到把事情干好，并且根本不担心别人挑毛病，自己就会将心注入，追求极致，因为没有人会玷污自己真正热爱的东西。

比如我在演说分享上，无论身体再累，只要能讲，心都不觉得累，无论出现什么状况，我对自己的演说分享都会充满信心，只要让我讲就好，哪怕就一个听众，我讲完就很开心，**相较于外**

在给我多少鲜花、掌声和回报，我更喜欢演说本身这件事，它可以让我的整个身心都处在一个价值实现的频道上。这样的心流体验，无法从外在动力获得，唯有内在原动力可以提供。

总的来说，**人想实现长足稳定的发展，就必须从动力驱动过渡到原动力觉醒。**人在刚开始时，或多或少需要环境倒逼或利益驱动，形成阶段性动力。但人在通过努力，取得一些成绩或突破动力枷锁后，就会陷入迷茫，因为原来的动力因素失效了，人就需要换更大的动力因素来支撑接下来的努力。但不管如何更换，终究还是跳不出时断时续、无法长效的动力系统。**找不到生命意义的人生，就像踩着跑轮的小仓鼠，不见成效，身心疲惫。**人终归还是要找到让自己乐享其中、心有所安的方向和实现目标的路径。这就需要我们整体迭代我们的内在系统，由原来外在控制的动力系统，转化为由内在控制的原动力系统。

这是一套一劳永逸的内在工程，后面的章节会逐步展开来讲，比如：如何找到"原动力"？如何找到有价值的天赋热爱？如何在处理事情时做好能量管理？等等。希望你不要错过我每一篇的用心分享，在下一篇，咱们先来了解一下："原动力"和"动力"的区别与作用。

1.2 | 原动力和动力

在探索"原动力"和"动力"之前,不妨先换位思考一个问题:**如果你想让一个人更有动力地做事,你会怎么做?**

奖励驱动?做得好就奖!那你准备何时奖励?奖励门槛高不高?奖励奖品大不大?奖励预算够不够?奖励能否可持续?……

你会发现:奖励时间设置太远,他会觉得没劲,因为人性都喜欢即时满足,奖励时间设置太近,马上到期就失效;奖励门槛太高,会让他感觉够不着,门槛太低又没必要;奖品太轻,他会没动力,奖品太重,下回就得更重才能有效……并且,奖励能让他产生动力,就能让他失去动力,奖励一旦取消或者失效,马上就会失控,因为他吃奖励已经习惯了,而且胃口会越来越大,对做事本身就没有多少激情了。

那该怎么办?惩罚驱动?做不好就罚!高压之下出人才,不疯魔不成活!

很多管理者就是这样干的,直接火力压制,用武力降服,最后虽然对方屈服了,但不代表心悦诚服,所以不能总用这样的手段。管理如此,家教同样如此,有些孩子的叛逆和抑郁,就是这种高压手段造成的,因为他一直活在恐惧和暗怒中,压抑久了就会变形,就会慢慢养成压抑型人格或暴力型人格。未来一旦家长不在他身边了,没有他怕的人了,后果将不堪设想。

所以，**所有基于利弊得失的动力设置，至多短时间有效，但都治标不治本，且都有副作用，常用必有后遗症。**真正想让人主动自发地持续向上努力，还是要开启自我改变的"原动力"。那么，什么是原动力呢？在讲"原动力"之前，我们还是先来聊聊"动力"。

一个人之所以产生行动，是因为有动力驱动。

就像汽车，没有动力，就无法启动，人没有动力，就干啥都没劲。所以，老板想让员工努力干活，就有了奖励机制；家长想让孩子好好写作业，就有了奖励周末游；商家想让客户主动买单，就有了"双11""618"等特惠活动节……当然，也有用制裁、惩罚的手段来吓唬人的，"你要不怎么怎么样，我就怎么怎么惩罚你……"

总之，**想让人动，就是要么让人有奔头，要么让人有怕头。因为人类行为背后的奥秘，无非就是追求快乐或逃避痛苦。**

说到底，这样的动力设置，都是在操控人性，让人趋利避害。

这管用吗？短时间管用。这种办法高级吗？一点儿也不高级。

因为**这样的动力，有四大缺点：①短效；②来自外在，不稳定；③容易免疫；④不可持续。**

人会长大，环境会变化，体验多了，见识多了，翅膀硬了，条件好了，曾经想要的也不那么想要了，曾经怕的也不那么怕了，活明白了，想透了，都是交易而已，人就会觉得没劲，不想被控制，所以不玩了……

回到我们自身，人总有窘迫的时候，受环境刺激，攀比在所难免，不想活得太差，于是为了激发动力，自打鸡血定目标："今年我一定要读100本书，今年我一定要瘦50斤……"甚至有人还会把这样的目标发到朋友圈，以示决心，有干过或见过的吗？

这有用吗？少数人。有人做到了吗？少数人。

为什么多数人半路就缴械投降了？有以下两个原因：

1. **已努力的回报不理想，动力减弱，直到消失。** 比如：为了减肥50斤，都坚持运动1个月了，弄得浑身酸疼，也花了很多时间，却几乎没见瘦，失望了，感觉没动力了。

2. **未实现的压力比较大，压力增加，认命屈服。** 比如：定了一年要读100本书的目标，都过去2个月了，连2本书还没看完，开始自我怀疑，找各种借口，直接放弃了目标。

你们看到了吗？**动力目标对大部分人来说，是双刃剑，哪怕是自己发起的，也会自伤。因为这样的动力来源于外在刺激，并不来自内在热爱，不是那种不做就难受的内心渴望。随着时间的流逝，当外在刺激因素作用减退，再加上实行过程中的压力带来的焦虑，人是很容易放弃动力目标的。**

我们很多人制定过这样的量化节点目标，只是很多次没有实现，后来索性也不制定了，就认命了，走一步算一步吧。

这样好吗？也不好。你说实现目标的过程不努力吧？不可能。制定目标的人天天被累得像条狗，最后还是啥都没有得到。

这是啥原因？制定目标的人决心不够坚定？其实制定目标的

时候，他的决心不知有多坚定。

但任何的心愿，都要经受过程的考验啊，本身也想着等目标实现了好好犒劳自己，但人总喜欢宽以待己，实不实现是一回事，但犒劳，只要想，随时都可以。整个过程中的犒劳，无论是想过的，还是没想过的，是一个也没耽误。所以，**对目标而言，如果咱们的灵魂有诚信机制，那么很多人早就是失信被执行人了。**

那为什么我们实现不了目标？我们总是在年初立了很多目标，等到年底，一片哀嚎。

我必须要为你说句话：**你已经为这样的目标付出了沉重代价。**

为什么？你想想，本身人活着就够苦了，又立个年度目标让自己战战兢兢、如履薄冰，每天患得患失，这不就相当于给自己又增加了一种痛苦吗？所以，能定这种节点目标的人，都承受了双重痛苦，不容易。

有了外在目标的牵引，还有七情六欲的拉扯，人这一路，不断被贪婪和恐惧按在地上，来回摩擦。说实话，人太苦了。

如何解脱？靠动力？没戏，上面就是动力机制下最好的下场了。

那靠什么？原动力！没错，原动力能生发动力，而且源源不断，两者完全是两码事。

动力，是当下驱动，总有用完的时候；原动力，是源源不断，持续供给，用不完。

动力，是有节点、有标准的，达不到就痛苦；原动力，是不受外在标准影响的，只要做就兴奋。

动力，是短期的，有限的；原动力，是长期的，无限的。

动力，是量化目标，易受外在影响；原动力，是人生使命，从始至终不变。

动力，是由外向内被动形成影响；原动力，是由内向外自动自发形成影响。

动力，是我要达到什么，得到什么；原动力，是我是谁，我就该怎么活着。

动力，是常人以为的唐僧取的经书；原动力，是唐僧活着就是为了取经、传经的使命。

你发现没？动力在原动力面前，就是个小弟，虽然有用，但也有副作用，比如：定的量化节点目标，让你有憧憬，也会让你产生焦虑，是双刃剑。所以，要想长期稳定发展，还是要找到产生原动力的天赋使命。

其实我们每个人生来都是自带使命的。能找到自己的天赋使命，就像进入自带无限能量的轨道，能生发无限动力，这就是原动力。

原动力让人自动自发，物我两忘，如有神助，自由发挥，不讲条件，也无须理由。

就像郎朗弹钢琴、梅西踢足球、成龙拍电影、周杰伦唱歌……一做他们自己轨道上的事，他们就兴奋，就如痴如醉，就能产生无限动力，并且永远不觉得累。这就是天赋使命，也就是他们的原动力。**他们生来就是干这个的，就为干好这件事来的。**

我要强调的是，发现天赋使命、找到原动力，这并不是那些有成就的人的特权。他们只是较早地发现并不断去运用的典范，也正因为他们靠的不是短效的动力，而是伴其一生的原动力，所以他们取得了长足的进步和非凡的成就。

我们每个人也都有自己的天赋使命，也都可以找到自己的原动力，也只有找到自己的原动力，我们才能真正地过好这一生。

我很感谢自己早年经受的磨难和在处理事情时遭受磨炼的经历，让我最终发现了那把找到原动力的钥匙，并乐此不疲地通过各种场合分享给更多的人。接下来，我们就一起进入下一步探索吧：如何找到你的原动力？

1.3 | 如何找到原动力

每个人生来都是带着使命的，只有找到你的天赋使命，才能直接进入你的轨道，让自己如入无人之境，化腐朽为神奇，活出生命的意义。

> 黄渤在成名之前，早年做驻唱歌手、当舞蹈老师、玩乐队、开工厂，无一例外都没有成功，直到他后来争取到参演《疯狂的石头》的机会，一炮而红，其喜剧风格瞬间让他火遍大江南北，那时他才发现，自己就是为做演员而生的。从此以后，其他的事再也难以让他像拍电影这样，痴迷而不知疲惫。也正因为黄渤找到了自己的轨道，他快速实现了从"草根歌手"到"影帝"的华丽转身。

人都是这样，一旦找到天赋使命，就找到了原动力。

人生如戏，前期很多努力只是试戏，终极目标是为了找到适合自己的角色。找到天赋使命，就是找到了适合自己的人生角色，用一生来把它演好。

使命并不是让欲望满足的节点目标，而是一种人生定位的生活状态，就是搞清楚：**我就是为做什么而来的人，我就该怎么活着，只有这样活着，那才是我——浑身充满力量，没有任**

何负能量。

那具体怎么明确天赋使命,找到人生原动力呢?

以下这四条建议,综合应用,融入于心,就能帮你唤醒生命原动力。

一、"死磕"当下事

很多人抱怨找不到原动力,不知道自己要做什么,总是感到内心空虚。犹太心理学家弗兰克尔称这种症状为**"存在之虚无"**。

以大学生为例,许多大学生不知道如何利用大量的闲暇时间来充实自己的人生。

职场里也充斥着"星期日神经官能症",人们忙碌了一周后,周末休息时间,突然没有了工作,内心的空虚感就凸显出来了。还有不少老年人随着退休年龄的到来,没有了忙碌和规律的作息后就会感到空虚,一时难以适应,有些人开始追求刺激或者是毫无节制的享乐,以此获得替代性补偿。

人越是这样,越是容易陷入恶性循环:无尽的空虚,间歇性努力,持续性心累,根本无法探究到自己的原动力。

我们想要更快地让自己不再迷茫,就要清楚:**任何的不敏感,都源于缺乏体验**。想要尽快发现你的天赋使命,就要极致认真地面对生命中的每一件事,唯有"死磕"当下事,你才会有更强的判断力和决策能力。

我的人生第一次大的蜕变，是在大学前两年。我记得为了赚学费、生活费，大一时我揽了三份家教的活儿，三个月就成了那家家教公司的标杆，当时我一个月就能拿到5000多块钱。但是我很快就辞了这份工作，虽然家教公司和家长都极力挽留我，我的同学也觉得我傻，他们不理解我为什么辞了旱涝保收的家教工作，反而去批发手套等小商品去搞推销、摆地摊，在他们看来，我的新选择丢人现眼且风险很大。当时的我，即使还不知道未来的人生要干什么，但至少已经把当下事做好的我知道不要什么：我不想一辈子只会跟孩子打交道。

我一直没有忘记母亲送我的大学寄语："你要成为一个有本事的人！"所以，后来无论是做导购、做导游、开实体店、办旅行社等各种社会实践，我都是把一件事干到最好后，就会自我审视，这是不是我要继续往下走的路。如果不是，就挑战下一个，并想办法做到最好。

现在回首来时路，虽然当时很懵懂，但我发现过往人生的每一次突破，都是恰巧坚持了"死磕"当下事这个原则，从而提升了我的判断力，所以才让我有幸在大学毕业前就找到了我愿为之奋斗一生的教育领域。后来通过一次次的精进和调整，越来越清晰自己的使命，从而充满无限原动力。我相信你只要愿意坚持"死磕"当下事，你也一定可以早日发现自己的使命，不再做无用功。

我们生活中有太多人,宁可用应付的姿态让自己反复痛苦一辈子,也不愿用认真对待的方式让自己"死磕"当下一阵子。生命中的每一件当下事,都是修炼的最好道场,全身心扎进去,是让我们明志立心的最快通道。

所以,你想要尽快明确你的人生使命,找到原动力,就必须"死磕"当下事,就是用最高标准自我要求。要么不干,要干就竭尽所能干到最好。因为只有干到最好,你才有真正的判断能力,判断眼下的路你还要不要走。

二、长时间痴迷一件事

探寻人生使命是一个过程,几乎没有人是可以不经过努力一下子就想清楚的,哪怕是圣人王阳明。

> 王阳明的悟道过程,就是一段精彩的"痴迷求圣探索史"。
>
> 他从小跟其他孩子一样,对什么事物都有一股强烈的好奇心。所不同的是,他对什么都要刨根究底,非要弄个清楚明白,成为一个小"专家"。七八岁时,他迷上了象棋,痴迷到吃饭、睡觉、洗澡时,身边都要摆着棋谱。最后被母亲强制扔掉后,他又一头扎进了道教养生术的研究之中。被父母严厉禁止后,他又开始舞刀弄枪。后来在爷爷的鼓励下,他又痴迷上研究辞章。每件事都是只要决定

做了，他就忘乎所以地投入。

他11岁在私塾读书时，就向老师提问："何为人生第一等事？"老师告诉他："考取功名当大官。"他不以为然。同样的问题他问父亲，身为状元的父亲告诉他："你得像我一样，考上状元才是头等大事！"王阳明同样不屑："状元只能风光一代，我要百世流芳！"在王阳明看来，人生第一等事，就是做圣人。

那如何做圣人？他又开始了他的痴迷探索之路。他再次对道教有了兴趣，这次不再是道教养生术，而是研究道教思想。他痴迷到在他新婚之夜没陪新娘子，而是跑到道观里跟道士讨论一晚上道教问题。再到后来，大理学家娄谅告诉他"圣人可以靠后天学习而成为"，王阳明就开始全身心钻研理学。为了搞明白一切事物所蕴藏的道理，痴迷到格竹七天把自己病倒，虽然最后未能格出"天道至理"，他也从不让自己止步，此路不通，掉头再找其他的路。无论是后面重新研究辞章经典，还是学习兵法、研究佛教，他的求圣之心从未改变，哪怕是后来当官时被宦官陷害毒打、被贬龙场，他也仍然不停地在内心呼唤："如果圣人处在我的境地，会怎么想怎么做？"

念念不忘，必有回响，正因为王阳明对任何有机会成圣的事都很痴迷，每次都是倾注全部的心力进行探索，所以，他36岁即觉悟人生使命及实现通道，用心学来救世。

从王阳明的悟道之旅中，我们不难发现，无论任何领域，**想成为专家的最快通道，就是痴迷**。而我们很多人总觉得自己对什么都没兴趣，更别说痴迷了。其实**痴迷和明志是相互促成的**，不明所以的痴迷，会让人更容易明志，王阳明的 11 岁之前就像这个过程；而明志又会让人更坚定地痴迷，比如王阳明 11 岁之后的探索。

在这儿要提一点，人越长大，周围的诱惑和干扰越多，一不小心就会痴迷到错误的方向上，比如：玩游戏上瘾。所以，我们想要做到痴迷而无副作用，还是要先立志，找到人生最想实现的、非要不可的目标。当你发现，没有比实现它更有意思的事了，那一切不利于它实现的就会自动被屏蔽。王阳明就是这样，自从立志要流芳百世做圣人，就没有什么可以比实现这个更让他痴迷的了，所以，所有对做圣人有用的，他都痴迷；所有对做圣人无用的，他都会直接放下，从不计较曾经的付出，也不会受其所扰，从而真正活得自信从容又洒脱。

三、以成就他人找到乐趣

《大学》的开篇就提到"大学之道，在明明德，在亲民，在止于至善。"意思是说：我们这辈子做学问和做事的宗旨，就在于光明本就美好的德行，通过帮助更多人成为更好的人、享受更美好的人生，而让自己达到至善的境界，这就是我们一生努力的终极之道。所以，**明确人生使命原动力，就是要明确"你就想通过做什么事成就什么人"**，什么能让你毫无理由、不

计代价地不断投入、乐享其中？这个才是人生头等大事。

直到今天，我仍然忘不了大四那场青涩的演讲，那是一次走进校园的创业分享讲座。记得那次我把从借钱上大学到后来实现经济独立、能力独立、思想独立、爱情独立和事业独立的几个板块分别做了分享，我主要是分享了我在大学期间的独立思考，也包括我在大学一次次创业实践的心路历程。由于当时我还缺乏演讲经验，感觉自己讲得并不好，但讲座结束后，一群学弟学妹把我围得水泄不通，争相找我问问题："学长，我比较自卑，怎么才能像您那样迈开独立的第一步？""学长，我爸妈让我考研，而我想创业，我到底要不要做自己？"……在一个个提问中，我看到他们渴望的眼神，同时，也看到了我生命里最重要的东西，就是"被需要感"。当时的那种被需要感给我带来的触动，大过以往所有创业尝试给我带来的快感，我仿佛众里寻他千百度，蓦然回首，才发现，这才是我人生的价值所在啊！所以，我当时暗自发誓：这辈子可能会涉猎别的行业，但绝对不离开教育行业；这辈子可能会涉猎别的工作，但绝对不会离开演讲分享。我希望能通过做好的教育，用好的思想，影响更多人的命运发生改变，从而带动他们身边人改变命运，若能如此传承下去，我觉得这是一件无比幸福的事，因为即使有一天我不在了，我仍然可以感觉到我的生命在延续。

自那之后，我开启了疯狂的演讲分享模式，高峰时，我一天能讲两到三场，十年如一日地乐此不疲，不仅让我完成了近2000场的演讲，还倒逼我不断学习、精进，有了不同方面的知识体系。

刚开始的时候，由于演讲时不注重发声技巧，嗓子经常沙哑，甚至失声，我记得当时有位医生朋友跟我说："战卡，你再这样下去，估计不到45岁，就会得喉癌。"而我当时说："别说45岁了，哪怕我35岁倒下了，只要倒在自己钟爱的舞台上，我都觉得值了；哪怕我35岁倒下了，我影响了千千万万的人，没有辜负我热爱的事，我觉得我活出了自己的生命价值。"

这些豪言壮语一直在我心中激荡，虽然现在已经年过35岁，身体也托粉丝朋友们的福，非常健康，而人生使命却更加明确且坚定，我做心智汇认知升维体系的时候就发愿：愿天下人心智强大，喜悦富足。这个世界没有比让人心智强大更极致的爱了。虽目前能力有限，但没有什么比让我为此努力更幸福的事了，每当我能为人的心智强大做些努力的时候，就是我的人生至乐时刻，我希望在我有生之年，能为此奋斗终身。

成就他人，是我们实现自我使命的必经通道。人就是为成就别人而活的，因为我们的价值，必定在他人身上体现，所以，最大化成就他人，就是最大化成就自己。

一、"死磕"当下事

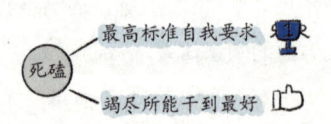

死磕 — 最高标准自我要求
死磕 — 竭尽所能干到最好

二、长时间痴迷一件事

立志 → 找最想实现，非要不可的目标

↓

其他事自动屏蔽

三、以成就他人找到乐

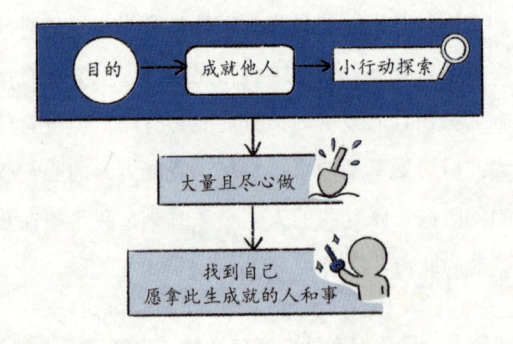

目的 → 成就他人 → 小行动探索

↓

大量且尽心做

↓

找到自己愿拿此生成就的人和事

而人不可能一开始就能明确这一点，这需要大量的以成就他人为目的的小行动做探索，大量地做，尽心地做，只有不断积累，才能尽快找到你愿拿此生来成就的人和事，作为人生至乐，那就是你的原动力了。

> 我有个朋友，之前做房地产，后来也涉猎过不少行业，但他在40岁的时候，突然发现应该好好做养老服务。他用5年的时间跟不同地方政府搭建起来的养老服务平台，不仅在全国取得了多项荣誉，关键是切实解决了很多社区的养老服务问题，他体会到了过去奋斗几十年从未有过的幸福感。如果是从赚钱的角度来看，他可以做很多其他领域的探索，但他选择以公益的心态投入养老行业，用他的话来说，他觉得他早就该来为这些老人服务了，没有什么比做这个更让他有动力的了。他经常亲下一线为老人们打饭、做义工、解决问题，不是做做样子，而是他真的享受其中，他觉得自己就该这么活着。

人这一辈子，无论做什么工作，核心都是找到那个"乐"。 乔布斯以用科技创新改变世界为乐，马云以让天下没有难做的生意为乐，牛根生以做牛奶强壮国人体质为乐，白方礼老人以捐钱助学为乐，我的朋友以养老服务为乐，我以用教育帮更多人喜悦富足为乐……当然我们不可否认，拥有更多的财富确实让人更容易获得世俗的快乐，但是不是人生赢家，在于你内外是否都能喜悦富足。

人的快乐有两种，第一种快乐，是满足私欲的快乐。 当"眼耳鼻舌身意"这六根，碰上自己喜欢的"色声香味触法"这六尘，就会生发快乐，而这种快乐是即时满足，一旦断开就结束，不容易持续，并且遇到不喜欢的，还容易生出痛苦。

第二种快乐，是成就人的快乐。 当你深入骨髓地认识到，成就他人是提升自身价值、明确和实现人生使命的必经通道，那你每次以成就人之心去做事时，都会感到快乐，因为你知道它在你看不见的地方让你不断增值，让你明心见性，让你更快地发现和实现你的人生使命。除此之外，以爱出引来的爱返、福往引来的福来，这些不期而至的正反馈，会让你感受到额外的快乐，而且这些快乐能更持久滋润你的心田，让你生出更多的正能量。

如果你看过《了凡四训》，就知道，决定袁了凡命运齿轮转动的，就是他在云谷禅师开示下，发愿做3000件善事，从那时起，他的整个命运开始逆转。在那之前，他命运里发生的一切，都是为了验证一位为他算命的孔先生所说的。而在那之后，他的命运完全掌握在自己手里，过去孔先生算他不能生孩子却也生了，算他不能升迁却也升了，算他53岁就会死却平安度过并长寿。

袁了凡用他的前后经历向世人证明，真正能改变自己命运的，不是求仙拜神看风水，而是**改变自己的心念和行为，真正在红尘世间的每一个"道场"，以成就他人之心，种下善的种子，这些种子迟早会发芽、长大，最终绽放成一片花海，让我们徜徉在喜悦富足之中，从而生发生生不息、用之不尽的生命原动力。**

钥匙二

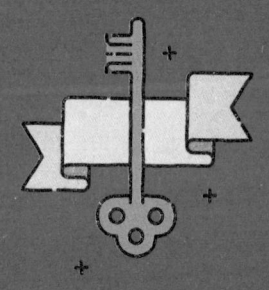

为热爱而生

▶ "知之者不如好之者,好之者不如乐之者。"无论任何领域,有热爱,就能生发无限能量,让人乐此不疲。人只有做热爱且有价值的事,才会有永续的激情,从而绽放生命价值。

2.1 | 要真热爱，不要"伪热爱"

很多人说"干啥都打不起精神，感觉没劲"，那是因为还没找到热爱的事。

一个人一旦找到热爱的事，不用给他鼓劲，他都会像一台永动机，自动生发出无限的能量。

> 在家里的读书习惯方面，我最佩服的是我女儿，虽然她才6岁，但她是真正做到了孔子所说的"乐之者"。我们读书经常还带着目的，有用的就多看，没用的就不看，而她读书，就是纯然地享受读书的快乐。她从1岁多会说话开始，就跟她妈妈读《三字经》《弟子规》，1岁8个月时，不识字的她已经能全本背下来了。后来她跟妈妈学认字也快，5岁的时候，她成为我们社群读书会里第一个阅读打卡1000本绘本的小读者。她在家里，早上起床后先读书，蹲厕所时必读书，中午、晚上睡觉前必读书，洗完澡奶奶给她吹头发时也要读书，连生病或出去旅游，也会读书，夏令营或画画课后，每回都有一群小伙伴围着她听书。而这一切，我们当家长的从未要求过，我们仅仅只是提供了个读书的环境和正向的引导而已，一切动力都源自她真正的热爱。

一个人生命力有多旺盛,全看其热爱的程度。现实生活中,付出同样时间去努力学习或工作的人,效果往往天差地别。仔细研究你会发现,**能不能取得好成绩,核心不在努力,而在热爱。人若没有热爱,很多努力只是假象,根本无法做到制心一处,自然也无法触摸到根本,拿不到一流的结果;只有真的热爱,才能让一个人与道共舞,身心合一,浑然忘我,自主自发地不懈投入、深入钻研,直到在一个领域不断拔尖,**走向卓越。

> 著名作家林语堂在《读书的艺术》中斥责"锥刺股"之事"真是荒谬"!他说:有价值的学者不知道什么叫作"苦学"。他们只是爱好书籍,情不自禁地一直读下去。
>
> 无独有偶,著名物理学家杨振宁曾被一家杂志社以《终日计算,冥思苦想》为标题大加赞扬。杨振宁知道后并不领情,反而反驳说:我尤其不同意的是这个"苦"字,什么叫苦?自己不愿意做,又因为外界的压力非做不可,这才叫苦。研究物理没有苦的概念,物理学是非常引人入胜的。只要我对物理学有了兴趣,我就会被它那不可抗拒的力量所吸引。

爱因斯坦说:"兴趣是最好的老师。"孔子也说过:"知之者不如好之者,好之者不如乐之者。"所有的大师都在身体力行地教导我们,无论任何领域,想突破局限,取得点儿成就,关键在于有无热爱。没有热爱,人就不会有全身心投入,也不会有超水平发挥，更不会有高质量结果。

所以，**我们要想让自己一直活得开心、幸福，又能取得不错的成就，那就必须做好一件事——找到热爱的事，这是我们人生的头等大事。**一个人一旦找到热爱的事，就什么条件都不会缺，什么抱怨都不会有，逢山开路，遇水搭桥，无坚不摧，无人能挡。

但很多人所谓的热爱，是**"伪热爱"**。这主要有三种表现：

第一种，叫"初尝时的快感"。

现实生活中，我们经常听到"我爱这个""我爱那个"，其实有很多所谓的"热爱"只有"三分钟热度"。

家里小孩看人家打篮球挺帅，非让妈妈买一个，结果，没打两回，不打了；

刷视频看到甩脂机能瘦肚子，就买一台回家，结果，没甩两回，不甩了；

看人家朋友圈卖货挺赚钱，也报个班开干，结果，没干一个月，不干了……

我们经常基于感官的初体验，觉得喜欢，就要去做，结果新鲜感没了，也就停了，最后浪费了大量的时间、情感，甚至金钱。

为什么这种事在我们的生活中总是重复上演？因为**这些刚开始的"热爱"，都源自外界的感官刺激和内心的匮乏，并非来自深度体验后的内心感受。**换句话说，就像年轻人谈恋爱，还没经历现实磨难的考验，还没做好以后对对方百分百负责的准备，没交往几天就山盟海誓，多数不怎么靠谱。

第二种，叫"上瘾后的慰藉"。

有一种"热爱"对人伤害最大，那就是为填补空虚而循环往复不断消耗能量的上瘾行为。比如：玩游戏、赌博、酗酒等各种不能创造价值却不断消耗你身心能量的陋习。这些"伪热爱"的典型特点是，当你体验完之后，兴奋劲一结束，立马空虚，甚至疲惫。这就是典型的兴奋剂效应，循环往复地消耗你的能量，并且让你成瘾、不自控，不断制造疲惫感、空虚感，由于能量低，人又会情不自禁地重新投入填补空虚，越投入耗能越大，耗能越大越投入，不断恶性循环，直到把身心的正能量消耗殆尽。

真正的热爱，都是享受那个过程，整个过程都是喜悦、富足、平和的，并且过程结束，内心也不疲惫、不空虚，反而会因为做了热爱且有价值的事，内心很满足，能量不减反增。所以，所有停下后就会感到内心疲惫空虚的事情，都是"上瘾后的慰藉"，都是以控制人性欲望为目的而伪装起来的有毒的"伪热爱"，害人不浅，务必注意。

第三种，叫"有条件的热爱"。

骨子里有热爱的人，不会挑肥拣瘦，不会在意别人的评价，更不会妄自菲薄把自己当成病人，因为他就是用那股子热爱来帮助这个世界变得更美好。

画家陈丹青有一次接受采访时,被一个观众提问:"自己喜欢画画,该怎么起步啊?"

陈丹青说:"喜欢画,你画就是了嘛。这就跟本能一样,你肚子饿了就要吃饭,你喜欢画画,画就是了,不用问任何人,画就是了,看样子你不是很喜欢画画,真喜欢画画的,拦都拦不住。随便喜欢什么,你真的喜欢都是拦不住的。我遇到的美国画家,都不会问这样的问题,说是我该怎么起步啊?需要什么样的内驱力啊?真正喜欢的人,就是好这个,一年到头就在那儿画画,我看着他们就惭愧。"

陈丹青的这番话一针见血地道出了什么才是真正的喜欢和热爱。真正的热爱,都是拦不住的,都是忍不住想天天做这件事的,不受任何条件限制、不受任何世俗约束、不受任何利害绑架,就是纯粹地热爱,没有任何条条框框,自动自发,废寝忘食,依着自己的内心,做就是了。

所以,我们要想持续高能、高效地活着,就要找到真正热爱的事,不要停在"伪热爱"上。

真热爱,应是深入体验后才知道自己真的喜欢,而不是初尝感官刺激就下的结论。

真热爱,应是有价值的天赋热爱,越投入越强化能量,而不是越投入越消耗能量、越需事后填补空虚的"上瘾的慰藉"。

真热爱,应是没有框架束缚的依心而做,而不是为了谋求世俗名利的奴颜婢膝。

钥匙二　为热爱而生

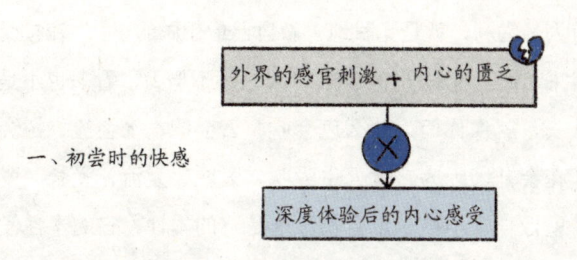

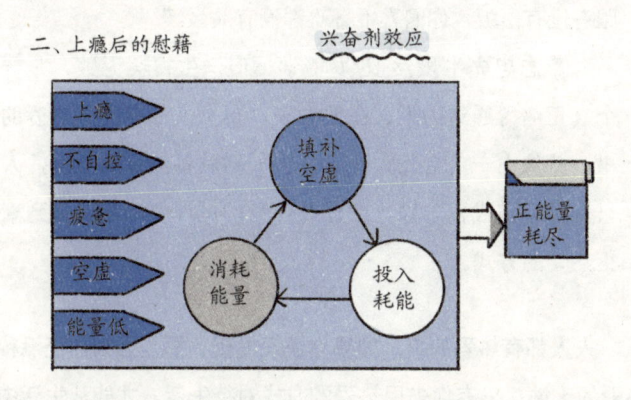

一、初尝时的快感

外界的感官刺激 ＋ 内心的匮乏
×
深度体验后的内心感受

二、上瘾后的慰藉　　　　兴奋剂效应

上瘾
不自控
疲惫
空虚
能量低

填补空虚 → 投入耗能 → 消耗能量 → 填补空虚

→ 正能量耗尽

三、有条件的热爱

真正的热爱 —— ✗ 条件约束
　　　　　　　 ✗ 世俗约束
　　　　　　　 ✗ 利害绑架
　　　⇒ 持续 高能高效的活着

就像著名漫画家蔡志忠所描述自己的那样:"我从来都没有为名为利,就是无我地去做自己最想做的事!"在接受记者采访时,他做了个比喻:"我永远不努力,看书也不是很认真,就像你问为什么风会吹、云会飘、水会流、树会长、花会开,因为它就天生爱吹、爱飘、爱流、爱长、爱开,就像一个小孩一定会长,这是它的本性。它的本性没有为自己,就像我就是爱画画,很长时间不画我也会死,跟有没有出版、你们喜不喜欢都没有关系。"

蔡志忠先生虽然15岁辍学,但一生得奖无数,是一个真正活得通透的人。在他看来,每个人都有天生热爱的事,就像人一定会长大变老,人天然具备热爱的能量,人只有像突破成长一样,在释放热爱的过程中,才能找到真正热爱的方式。

人人都有热爱的事,如果你还没发现,那是因为你还没释放热爱的天性,只有你去用热爱的方式对待生活,才能从生活中找到真正热爱的事。真正热爱的事一旦找到,它就可以让你无须理由地疯狂成长,让你在对外持续的价值输出中生发无限能量。

最后,借用陈丹青先生的话,请你扪心自问:**从小到大,你有没有喜欢一件事喜欢到谁也拦不住呢?**请你思考一下。

当然,我们大部分人可能刚开始要经历很多不喜欢的事,那该如何应对?咱们下一篇好好聊聊!

2.2 热爱可抵千重难

能做喜欢做的事当然好,但现实生活中,我们经常面临不喜欢做的事。那我们该如何面对呢?

比如:很多人不喜欢自己的工作,不喜欢面对难题或失败,不喜欢做自己不想做、不熟悉、不擅长的事……

这让我想起来之前一个网友给我提的问题:"面对不得不参与的社交,如何有效拒绝?"你仔细琢磨琢磨,这个问题是不是本身就有问题?既然是"不得不",那就意味着不能拒绝,那为什么还要费尽心思地研究怎么拒绝呢?

其实我们太多人所谓的"不喜欢",跟这位网友差不多,不是一种客观理性的认知判断,而只是个人情绪上的不想面对、不想接受。这就像一个孩子摔碎了瓷瓶在那儿哭,只是一种感性烦恼的外化体现。实际上,工作本没有所谓的"讨厌"属性,如果有,那人人都应该讨厌才对,那为什么有些人会干得很起劲?所以,本质上是我们人为地给某件事贴上了负面标签,觉得什么事很难,或者我们人为地给自己贴上了负面标签,觉得自己不行。**意识层面一贴负面标签,不想面对的情绪就会升起,"不喜欢"就是这么来的。**

其实无论面对任何事,我们无非两条路,**如果无法热爱享受它,那就热爱干掉它。**这是我创业初期激励自己的一句话,因为任何的挑战都是最好的修炼，越是面对难题，越是要兴奋，因为把难题都搞定了，那以后还有什么搞不定的？难题是让我有大进步的机会。所以，要么做，要么做掉，总之，必须解决，而不是将就。如果现实是无法逃离，不得不做，那就用全身心的热情把它彻底解决，让它再也无法让你不高兴。

人在面对难题或逆境时，必须要足够决断，否则当断不断，必受其乱。而大部分人之所以痛苦，就是因为有无数个"不愿意"，不愿意面对、不愿意接受、不愿意处理、不愿意放下，最后生生被"不愿意"拖垮，抗拒、焦虑、回避、压抑、消沉……所以，这些人经常无法摆脱逆境。逆境最喜欢看到的就是，人在遇到它时自动升起的那些感性负能量，这是让人自废武功、缴械投降的罪魁祸首。所以，**打败我们的，本质上不是逆境，而是我们对逆境的反应。**

说到对逆境的反应，没有人比高尔基笔下描述的海燕更生动了。

> ● 先欣赏《海燕》原文：
>
> 在苍茫的大海上，狂风卷集着乌云。在乌云和大海之间，海燕像黑色的闪电，在高傲地飞翔。
>
> 一会儿翅膀碰着波浪，一会儿箭一般地直冲向乌云，它叫喊着，——就在这鸟儿勇敢的叫喊声里，乌云听出了欢乐。
>
> 在这叫喊声里——充满着对暴风雨的渴望！在这叫喊

声里,乌云听出了愤怒的力量、热情的火焰和胜利的信心。

海鸥在暴风雨来临之前呻吟着,——呻吟着,它们在大海上飞窜,想把自己对暴风雨的恐惧,掩藏到大海深处。

海鸭也在呻吟着,——它们这些海鸭啊,享受不了生活的战斗的欢乐:轰隆隆的雷声就把它们吓坏了。

蠢笨的企鹅,胆怯地把肥胖的身体躲藏到悬崖底下……

只有那高傲的海燕,勇敢地,自由自在地,在泛起白沫的大海上飞翔!

乌云越来越暗,越来越低,向海面直压下来,而波浪一边歌唱,一边冲向高空,去迎接那雷声。

雷声轰响。波浪在愤怒的飞沫中呼叫,跟狂风争鸣。看吧,狂风紧紧抱起一层层巨浪,恶狠狠地把它们甩到悬崖上,把这些大块的翡翠摔成尘雾和碎末。

海燕叫喊着,飞翔着,像黑色的闪电,箭一般地穿过乌云,翅膀掠起波浪的飞沫。

看吧,它飞舞着,像个精灵,——高傲的、黑色的暴风雨的精灵,——它在**大笑**,它又在**号叫**……它笑那些乌云,它因为欢乐而号叫!

这个敏感的精灵,——它从雷声的震怒里,早就听出了困乏,它深信,乌云遮不住太阳,——是的,遮不住的!

狂风吼叫……雷声轰响……

> 一堆堆乌云,像青色的火焰,在无底的大海上燃烧。大海抓住闪电的箭光,把它们熄灭在自己的深渊里。这些闪电的影子,活像一条条火蛇,在大海里蜿蜒游动,一晃就消失了。
>
> ——暴风雨!暴风雨就要来啦!
>
> 这是勇敢的海燕,在怒吼的大海上,在闪电中间,高傲地飞翔;这是胜利的预言家在叫喊:
>
> **——让暴风雨来得更猛烈些吧!**

从上文中,我们不难发现,同样是面对暴风雨,高尔基在描述海鸥、海鸭和企鹅时,他用的是"呻吟""胆怯""躲藏",这些词语的背后是深深的无助和恐惧,所以如文中所说,它们"**享受不了生活的战斗的欢乐**",在它们看来,变化就是苦难,并且越这么认为,就越限制内在能量的生发,导致越害怕越痛苦,越痛苦越可悲。

而唯有"海燕",他用的是"叫喊",后面还用了"大笑""号叫"。这是一种超狂的热爱和洒脱,尤其是最后一句经典的叫喊"让暴风雨来得更猛烈些吧",痛快、炸裂、酣畅淋漓,由内而外,生发无限能量,这才是在逆境之下的最好反应。

虽然高尔基在《海燕》中,是在隐喻一场伟大的革命即将到来且必将胜利,但我们也从中看到了海鸥、海鸭、企鹅等角色与海燕在面对暴风雨时的不同反应。

其实**每一天每一件事,都是一场自我革命**,尤其是在有挑战的困难面前，挑战越大，改变机会越大，如果你是一个追求改变的人，为什么要放过可以让你巨变的挑战呢？这就像遇到一个重量级对手，打得过当然好，打不过也至少跟高手过过招，以后再遇到同一水平线及以下的对手，还有什么值得害怕的？这件事怎么看都是好事，何乐而不为呢？

> 记得我毕业前第一次和导师合伙创业的时候，导师让我做总经理，当时我只有大学那点儿小打小闹的瞎折腾经验，没有任何管理经验，团队也很松散，都不够职业化，一遇到问题就丢给我，刚开始会有点儿烦，但大家年纪又都差不多，如果我都不会的话，把问题扔回去，人家也不服。后来我觉得老这么烦也不是办法，毕竟自己还没真正的权威，所以干脆就直接转变心态，把大家丢给我的所有问题都当作锻炼自己的机会，**心态一转，立马变烦恼为兴奋**，甚至面对越难的问题越兴奋，总感觉要把难的问题都解决好了，那还有什么解决不了的？当时那种挑战欲，对解决问题做成事的热爱，到今天都让我记忆犹新，那也是我变化最大的阶段。后来我把一个个问题解决了，他们也从我的工作态度中受到影响，大家也都各归其位，让事业逐渐步入了正轨。

由此可见，**对问题的反应，取决于你把它看作是来害你的，还是来成就你的。心态一转，热爱一起，一切困难都是那么甜。**

所以，以后无论遇到什么挑战，你都应像海燕一样兴奋才对，浴火重生的机会来啦，你应该带着渴望在心中呐喊："让暴风雨来得更猛烈些吧！"相信我，当你真这样做的时候，你会瞬间充满能量。

这就是热爱的秘密，**你热爱什么，什么就会给你能量，一种为了所爱而不顾挑战一切困难的能量**。就像你爱你的孩子，如果有十个恶人过来围殴你，就算拼了老命，你都不会让他们伤害你的孩子，这就是热爱的力量。同理，你若如爱你孩子一样热爱蜕变，它就会让你充满力量地挑战所有以前你认为的"不可能"。

王阳明说过："越是艰难处，越是修心时。"

一个人的处境越糟糕，越要稳住心态，积极面对。否则，平时取得再多成绩都是昙花一现，没有心力，就守不住。

> 正德元年，王阳明被贬为贵州龙场驿丞。
>
> 当时的龙场，处于万山丛棘之中，瘴气弥漫，常人难以生存。可王阳明在这里，一待就是三年。
>
> 正德四年，他遇上一位小官带着一个儿子、一个仆人，路过龙场前往被贬之地，投宿于一苗族民家。
>
> 三人见这里荒无人烟，山路崎岖难走，便心生怨意，眼神里装着的全是苦涩。
>
> 没想到，两天后这几人便相继离世。
>
> 王阳明在听闻这个消息后，赶去把三人葬了。
>
> 他在可怜三人的同时，心中也不由得感慨："路途遥

远,风餐露宿,哀愁积心,内外夹攻,岂有不死之理?"

在这种荒凉的地方,心里的防线一旦崩塌,就再难走出去。

其实,王阳明刚到龙场的时候,也是这般风餐露宿,食不果腹。

和他们不同的是,王阳明心中始终乐观。

看到驿站破败无法居住,他就亲手把附近的一处山洞收拾出来,并起名"阳明小洞天"。

因为山路难走,官粮时常供应不上,他就自己开荒种地,还写下一首诗《西园》,津津有味地讲述自己种菜的过程。

在龙场的三年,王阳明的日子虽然清贫,却始终心怀热爱、乐观处世。

正所谓,物随心转,境由心造。

修得一颗积极乐观的心,即使生活再难,你也能笑看风云,活得精彩。

曼德拉说过:"生命中最伟大的光辉不在于永不坠落,而是坠落后总能再度升起。"

罗曼·罗兰也说:"世界上只有一种英雄主义,就是看清生活的真相之后依然热爱生活。"

在浮躁纷乱的生活中,当我们都能保有一份随遇而安、热爱生活的赤子之心时,我们就能无惧世间无常,可抵岁月漫长。

2.3 | 找到有价值的天赋热爱

我们在第一章就了解到：**每个人都是自带使命来到这个世界的。**我们要想更好地完成人生使命，除了行所当行地按规律行事，最好的捷径就是尽早投入到你使命需要的热爱之中。

每个人都有天然的独属于自己的天赋热爱。就像在公司里，真正的技术大牛就喜欢用技术创新颠覆过去，真正的销售冠军一见到客户就会兴奋，真正的服务天使恨不得把每一个客户都当自己的亲人对待……你招人、用人，就是要分析人的天赋热爱，把人放对位置了，你就不用太操心，只要人知道自己的天赋热爱，自然会用最高标准来要求自己，因为谁都无法背叛自己真正的热爱。我们个人发展也是如此，只有找到自己的天赋热爱，才能进入自在自信、高效发展的轨道。

小米创始人雷军说过："**热爱，是所有的理由和答案。**"初看这话有些绝对，但仔细想想，就不难发现：**你热爱什么，就会自动自发地与不计代价地进行钻研，就会不断优化迭代，以让自己热爱的东西变得更好，从而在某个领域中形成别人难以赶超的优势，从而让别人觉得你在这方面有天赋。**

在这方面我有深刻的体会，我原来口才并不好，在公众面前讲话别提多紧张了，但毕业前的创业分享改变了我，当时那种强烈的被需要感，让我从此爱上了用演说来帮助人。因为热爱，就总想让它更吸引人，我后来就不断地下功夫，把演说做得越来越好，以至于很多人觉得我在这方面有天赋，甚至忘了我曾经连普通话都说不好的事实。

你也一样，如果你真的热爱做产品，一定会充分研究竞品，从而把你的产品创新迭代到更好，将自己变成产品专家；如果你热衷于推广产品，你一定会抓住任何可以推广的机会，两眼放光、不厌其烦地跟人讲，直到把此技能精炼纯熟，遇到任何客户都能轻松搞定，成为令人崇拜的高手，这就是热爱的力量。**任何天赋优势都源于其热爱至深，天赋和热爱本身就是不分家的，人热爱什么，就会精进什么，直到将热爱变成天赋优势。然后，优势的发挥，又经常会带来正反馈，从而让自己更加热爱，形成正向循环。**

能成为高手的人，往往都是较早地找到了自己热爱又对他人有用的事业，并不断发挥优势，乐此不疲，从而让人生和事业都越来越好。那我们该如何找到这种有价值的天赋热爱呢？你可以从以下四个维度去发掘。

一、输出价值中，有强烈的自我认同感

为什么要强调"输出价值"？因为有价值的天赋热爱，必然要在输出价值中体现出来。像玩游戏、追剧等消耗性行为，并没有输出价值，而只是自我消遣，所以不算。如果你能从玩游戏、追剧的消费者身份转换成经营者身份，转型成游戏博主、剪剧达人等角色，你才有机会靠此开心地赚钱。

为什么要强调"自我认同感"？因为人生通过努力，都会或多或少做成一些事，但有些事令人称赞或羡慕，而自己不一定开心。比如有人夸你擅长应酬，其实你心里清楚，那只是你在公司利益需求下的迫不得已，内心并不享受，甚至还经常很痛苦，那么这个工作对你来说就不适合久干，因为这不是你的天赋热爱，至多是一种生存能力。

但有些事，输出的价值能让你经常得到外界的正反馈，同时自己也很有自我认同感，那大概率就是值得开发的天赋热爱，要好好珍惜。比如：我有一个学生原来做播音主持，后来有了孩子，就特别喜欢研究育儿之道，她不仅把自己的孩子培养得很好，还经常因为育儿分享得到很多家长的正反馈，后来她就找我学做短视频和知识产品，现在已是收入不菲的家庭教育赛道知识博主，每天干的都是自己喜欢的事，读书、教娃、旅游、分享。

二、做这种事的时候，有持续的心流体验

"心流"是指我们在做某些事情时，那种浑然忘我、全神贯注的状态。这种状态下，我们甚至感觉不到时间的存在，在这件事情完成之后我们会有一种充满能量并且非常满足的感受。其实很多时候我们在做自己非常喜欢、有挑战并且擅长的事情时，就很容易体验到心流，比如唱歌、打球、阅读、演奏乐器还有工作的时候。

我就经常会在演讲分享时有心流体验，尤其是线下分享，我经常能感受到我和观众之间有条看不见的绳，我很容易进入大家的内心世界，感受大家的喜怒哀乐，带大家翩翩起舞，很多没

准备过的金句、干货或案例,也经常会蹦进自己的脑海,常常因插科打诨拖了堂,大家还是很喜欢,让我加时。曾有学生用"干柴烈火"来形容听我演讲时的感受,意思是"干货够足,激情够燃"。说实话,这种既能利他又能持续有心流体验的感觉,真的太美妙了,找到这样的事,一旦进入,不会有任何恐惧,享受发挥的过程就够了,结果都差不了。

三、学得快、手感好、敏感度高

请相信,我们每个人都是一个独一无二的个体,都有你最易有感的事物,经过大量认真体验的生命旅程,你一定可以找得到。比如:有些人一聊起美食,就特别兴奋,吃一口就知道用了哪些配料,聊起哪道菜,立马就能给你说出这道菜的好几种做法,像这种朋友,如果做美食博主,那肯定是既释放天性,又好赚钱。

每个人高敏感度的点不一样,比如有些人对音乐敏感、有些人对画画敏感、有些人对做手工敏感,不管对什么敏感,敏感度高就是独特的优势,加以开发,都是一个不错的选择。

所以,可以试着问问自己,你在哪方面敏感度比别人高?比如:拍照后你总能快速将照片修出更好的效果,你愿意拿这个本事帮周围的小姐妹们,说不定你能成为她们中最受欢迎的旅行搭档。如果是男性朋友,这还增加了你收获爱情的机会。

四、事后有极大的满足感

回忆一下,你有哪些长期坚持做但是也没觉得很辛苦的事

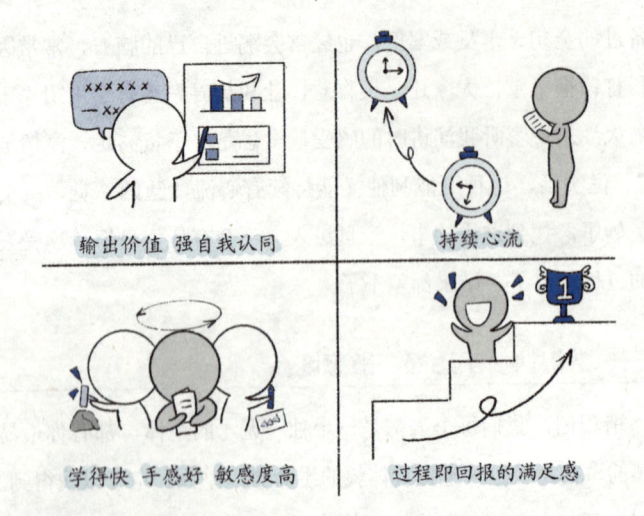

输出价值 强自我认同	持续心流
学得快 手感好 敏感度高	过程即回报的满足感

情。就像我做演讲，身体再累、嗓子再疼，内心都是愉悦的，**只有这种"过程即回报的满足感"，才会让你坚持得很久，从而收获超越常人的回报**。如果你选择做一件事的初心只是觉得赚钱快、外表光鲜，而不是发自内心地热爱其中的过程，就很容易导致半途而废。

我们没有办法把没有感觉的事情干好，即使干成也难以持续，我们只能在有感觉的领域深耕，因为有感觉才能让我们获得能量变现的结果。

每个人生发能量的方式虽不一样，但**一旦找到符合以上四个维度的天赋热爱，哪怕一生只做一件事，也注定辉煌。**

我们每个人都有自己独特的天然之爱，一旦找到它，投入其中，那全部生命能量都将被激活。所以，大胆地用上述方法，去努力发现并好好投入到你的天赋热爱之中吧！

钥匙三

真正的自信

▶每个人都有原本具足的天然自信，但随着时间的磨砺，人们开始变得时而自信，时而自卑。人只有找回不受任何外在影响都会有的无条件自信，才能充满能量地面对一切人事物。

3.1 人人都有自卑感？

无论是跟人打交道，还是做任何事情，不管你喜不喜欢，想要做好，首先就要有自信。

很多大师的思想体系，其实就是让人恢复自信。就像王阳明龙场悟道时觉悟的"**吾性自足，不假外求**"，六祖惠能大师也讲过："**何期自性，本自具足。**"每个人都有原本具足的天然自信，但为什么经时间磨砺后，却开始有不同程度的自卑感了呢？就连个体心理学鼻祖阿德勒也强调："**人人都有自卑感，只是表现形式不同。**"

那我们原本具足的自信是怎么没的呢？

先举个例子，比如你小时候做题，不跟别人比的时候还没事，如果你发现身边同学总是比你做题快，你会不会产生一种感觉"我好笨，我不行"？其实是你真不行吗？不是，这只是当时相形之下的**感觉认知**。你因当时的感觉给自己贴上这么一个**负面标签**之后，再做这件事的时候，压力就会特别大，心里很紧张，很压抑，你的大脑需要去处理这些情绪，所以你做事的效率会进一步下降，你在这方面就越来越没有自信，越来越看不起自己。

这种自卑感，有时候是你给自己贴负面标签带来的，有时候是家长、老师等信任之人错误批评导致的。**起因都是一种感觉认知的错位，被贴上标签后，你更是感觉自己根本无法做好那件**

事，以至于在那方面就真的做不好，时间长了，"感觉做不好"成了"感觉做不到"，越是做不到，就越是没自信。刚开始一两个方面你不自信，往后越来越多的方面不自信，你就会越来越怀疑自己这个人是不是不行，这就会陷入一种恶性循环。

类似于以上这种情形，有没有在你身上发生过？

你有没有发现，**导致人自卑的起因，往往都是源自一种错误的感觉认知，并非客观事实，本质都是一种莫须有的在意。人一旦在意什么，就会被什么控制。**

你可以认真思考一个问题，**为什么你平常说话没问题，遇到很在意的人和事，就开始紧张了？** 比如：平时私底下跟人交流都很放松自如，怎么一登台面对公众讲话，就开始紧张了呢？再比如：你跟同事聊方案的时候特别自信，然而一进领导办公室，聊的还是同样的方案，为什么就开始紧张了呢？再比如：你跟异性同事平时以哥们相称时，放得可开了，突然有一天你发现你喜欢上她了，是不是再跟她说话就不那么放松了？

还有一些人，是平时很放松，但一跟陌生人搭讪就紧张，饭局时一敬酒就紧张，一遇到突发状况说话就紧张……明明很想正常发挥、给人留个好印象，但就是控制不住自己的紧张，经常表现出词不达意、语无伦次，甚至磕磕绊绊说不明白，说完了又后悔，你有出现过这样的情况吗？

这背后到底是什么原因？其实**导致人紧张的根源主要有三个：**

一、在意过往

这种人最常说的话，就是："过去我也没干过，我能干好吗？""以前就没干好，这次能干好吗？"

你发现没？很多人总是习惯于根据过往的经历，形成一个"经验我"的认知判断。人如果无法从过去的经验认知里走出来，就会一直被缺经验或失败过所影响，虚幻的"经验我"就会一直深深地束缚着他，让他无法进入真正的本我，自信地面对。

在意过往的人，往往是掉进了两个逻辑陷阱：

第一，过去没干过或没干好，不意味着这次干不好，这次能不能干好，在于能不能按照做这件事的规律去执行，跟过去没有任何关系。即使过去做得好，那些经验也不能代表规律，不一定能让这次还可以做好。

第二，"经验我"是虚幻的，既不是本我，又对当下事不负责任，而本我要负责任，一个要负责任的角色，却甘心受控于不负责任的虚幻角色的虚幻思想，这是不是太傻了？

以上两个逻辑一打通，我相信你自然能摆脱在意过往给你带来的紧张。

二、在意他评

这种人最常说的话，就是："万一我干不好，别人会不会笑话我？""我这个条件也不行，那个条件也不够，别人能信我吗？"

你发现没？**除了上面的"经验我"，人还喜欢造一个"环境我"来难为自己。**人生活在环境中，所以，很多人会被环境因素干扰，比如他人的看法、外在的条件等等，常常给自己平添压力，或妄自菲薄。人如果无法从由外而内的视角转变为由内向外的视角，就没有办法产生做事的定力，因为老盯着别人怎么看以及环境条件等外部因素，外面一有风吹草动，人就会紧张。

所以，想要变得成熟自信，**要先搞懂什么是自己的事，什么是别人的事。**

一个人职责所在、能力所及、良知所指的事，是自己的事，无论环境怎样，你都尽最大努力去做，尽心而为，即无遗憾。至于别人怎么看、怎么说、怎么做，那是别人的事，你多操心只会给自己带来困扰。

"一千个读者眼中就会有一千个哈姆雷特"，每个人认知不同，千人千解很正常。你活着的意义是活好自己，别人从你身上看到了什么，他就是什么样的人。真心说你好的人，你不一定好，但他一定很好；说你不好的人，你也不一定不好，但他一定好不到哪儿去。

三、在意未来

这种人最常说的话，就是：**"这个会不会很难啊，我要坚持不下来可怎么办？""万一没干成，我不就白付出了吗？"**

大家看到没？很多人事还没开始干，就已经被各种患得患失的焦虑困扰着。

人的焦虑是怎么来的？想得多，做得少。欲望上，想成强者；行动上，扮演弱者。行动和欲望不能合一，就必然生忧。所以，想，都是问题；做，才有答案。

想摆脱焦虑，就想点儿有用的，做点儿能做的，能用心做好当下，后续的缘分自然会接踵而至。你可以有登顶100层楼的志向，但在1层楼时，不要老看着100层楼，在1层楼就把1层楼的事情用心地做到极致，通往2层楼的大门自然会为你打开。

当然，下回再焦虑的时候，你也可以问自己这两个问题：

"如果有办法，焦虑有用吗？"

"如果没办法，焦虑有用吗？"

相信你问完之后，就更容易把焦虑转移到寻找解决问题的办法上，从而走出困境。

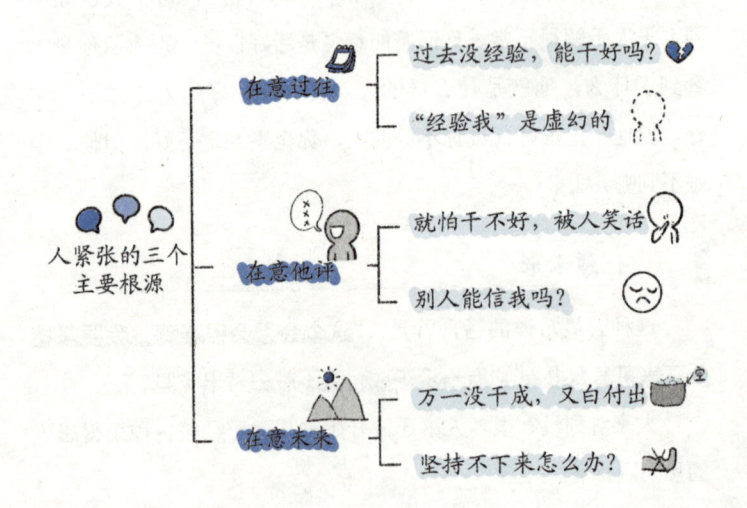

```
                    ┌─ 过去没经验，能干好吗？
          在意过往 ─┤
                    └─ "经验我"是虚幻的

人紧张的三个          ┌─ 就怕干不好，被人笑话
  主要根源  ─ 在意他评 ─┤
                    └─ 别人能信我吗？

                    ┌─ 万一没干成，又白付出
          在意未来 ─┤
                    └─ 坚持不下来怎么办？
```

其实，所有自卑紧张的背后，都隐藏着我们对外的乞求和期待。我们只有不再乞求，放下期待，守住本心，尽心而为，才能见到我们自信自如、璀璨绽放的风采。

> 杨绛先生说过这样一句话："我们曾如此渴望命运的波澜，到最后才发现：人生最曼妙的风景，竟是内心的淡定与从容。我们曾如此期盼外界的认可，到最后才知道：世界是自己的，与他人毫无关系。"

人生就是这样，做好自己，尽力而为，除此无他。

3.2 | 什么是真正的自信

你觉得你自信吗？

你是不是发现自信是分情况的：有时有，有时没有；有些方面有，有些方面没有；熟悉的有，不熟悉的没有；擅长的有，不擅长的没有……

如果你的自信，还停留在有时有、有时没有的状态，那证明你还不算真正有自信。真正的自信，一定是恒定的，面对任何人或场合或突发状况都有的，这才是我们追求的。

而现实生活中，我们很多人为了让自己显得更自信，做了很多努力，终于丰富了自己的外在条件，而在他的内心，却仍然住着一个没有自信的自己，这到底是为什么呢？

这就像有些女性对自己的长相不满意，去整容，买各种名牌包装饰自己，可是一跟有文化的知性女性在一起，立刻又开始觉得自己没文化；一跟有背景、条件好的女性在一起，又开始觉得自己没背景；一跟身材、颜值比自己强很多的女性在一起，又开始觉得自卑，感觉在人家面前，相形见绌。

如果你的自信总是依托外在的条件才成立，那能叫真的自信吗？外在条件一变，你立刻就变得不自信了，这些**有限的情境性自信**，都很难永恒地加持你的能量，提升你的魅力。

现实生活中，你有没有见过有些老板很有钱，但在公众场合说话照样哆嗦；有些应聘者学历很高，但在回答面试官问题时照样语无伦次；有些人有房有车有长相，但相亲时在心仪的异性面前，一开口说话就掉价，毫无个人魅力……

人要是内在没有真正的自信，把全世界最好的外在都给了他，他依旧没有自信。

自信是分圈层的。内圈的叫核心自信，外圈的叫外围自信。

核心自信，**就是无须别人认可都会有的自我认同和自我信任**，是一种不需要证明就天然存在的自信。这种自信，才是我们真正需要的自信。它可以让我们无论面对任何人、任何场合，都拥有强大的定力。

除了核心自信，我们还有一种很常见的自信，那就是外围自信。所谓**外围自信，就是靠心外之物等要素支撑的自信，能增加你能量的要素都算**，比如：钱、职位、学历、人脉、形象等等。但这种自信的依赖因素是外界的，光靠这个形成的自信会很不稳定、不牢靠。总的来说，核心自信是根本，外围自信是加持，对**一个人的成长发展都很重要，但大部分人只迷失在对外围自信的追逐上。**比如：**专长自信、熟悉感自信、实力感自信**等。我分别举一个例子，你就知道了。

第一种，专长自信。你是不是觉得你在某方面很擅长，就可以一直自信下去？错！咱举个例子，假如唱歌是你擅长的，公司团建来 KTV 里唱歌，有人推荐你唱一首，你既然这么擅长，没必要自卑吧？你一开唱，简直是天籁之音，大家都为你鼓掌、欢呼，都夸你唱得比原唱还好听。那时你是不是更自信了？可是，你想一下，如果现在不是在KTV，是在唱完歌的饭局上，你唱歌的优势没有发挥空间了，因为这里不需要唱歌，这里是聊天的地方，你突然发现，大家都聊得很高兴，你却插不上话。你不擅长跟大家在饭局上互动，这时的你，是不是又变得不那么自信了？你刚才唱歌的时候不是挺自信的吗？怎么现在没了呢？这就是**专长自信的局限性，一旦专长没了可发挥的场景，就没了滋养这种自信的土壤，说到底，专长自信也是特定场景下的产物。**

第二种，熟悉感自信。 每个人面对熟悉的人、熟悉的事，都不会紧张吧？比如：你跟家人吃饭时说话，不紧张吧？为什么？你熟悉呀。你跟同事聊你很有信心的方案，不紧张吧？为什么？你熟悉呀。但同样是吃饭，换成跟一群大佬吃饭，你说话就开始紧张了，为什么？你不熟悉呀，对这些人物和场景都没有像家人那么熟悉，又想给人家大佬留个好印象，所以你紧张嘛。同样是聊你的方案，把同事换成领导，场合换成公开汇报，你说话就开始紧张了，为什么？同样的道理，你不熟悉呀，对领导和公开场合都没那么熟悉，又想给人留个好印象，所以你紧张嘛。你看到了吗？**熟悉感自信，往往会因外部环境变得陌生而不复存在，它也仍然无法让你面对任何人、任何事、任何场景都自信。**

第三种，实力感自信。 "一个人有实力就有自信"，这估计是我们大部分人的共识。事实真的是这样吗？有实力真的就可以让人永远自信吗？首先，我们不能否认，**一个人的实力对自信的加持作用。** 比如，一个人原来很穷，总觉得别人瞧不起他。所以，他发愤图强，经过 10 年打拼，终于有房、有车、账户上可能还有 7 位数的存款。现在的他，肯定是比过去自信了，遇到那些混得不如他的人，也不会自卑了。但他真的就能一直保持自信吗？不可能！假如他现在一年能赚 100 万元，但在一次饭局中，出席的人都是一年能赚上千万元的，他会不会再次感受到当年的自卑感？为什么他已经有一定实力了，还不能一直自信、一直开心呢？很简单，**人比人，气死人。人所谓的实力，永远只能算相对实力，既然是相对的，那参照物换了，换成比他更厉害的，他也就没有那种优越感了。**这没错吧？

综上所述，专长自信、熟悉感自信、实力感自信，都是外围自信，虽然能加持人的能量，但都有一定的局限性，还不算真正的自信，单独依靠这些肯定不行。

人要想随时随地都能稳定发挥，就必须要有真正的自信，那就是核心自信。因为**核心自信有三大特点：**

第一、标准恒定。核心自信的根源，是心态强大，它来自一个人内在的品质，不因外部标准变化而变化。一个没有核心自信、只擅长唱歌的人，从 KTV 换到需要应酬能力的饭局上，他就不自在。而一个有核心自信的人，即使不擅长唱歌，也不擅长应酬，他也可以出现在任意场合不尴尬，唱得不好也不矫情，应酬没啥花招也不卑微，只是真诚地面对。这种真诚、自然、从容的状态，会自动产生人格魅力，帮他建立起好人缘。

第二、能带着走。你想让人觉得你厉害，即使你有再多的外在实力要素，能一直随身带着让人看到吗？如果你谈个单子，必

特点一
标准恒定

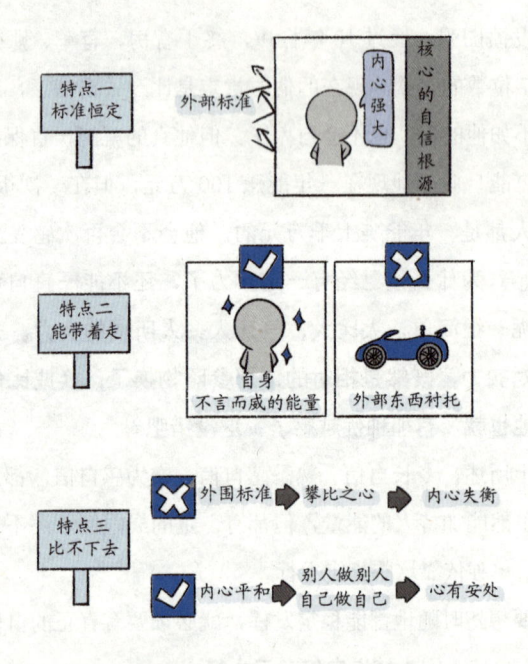

外部标准 → 内心强大 ← 核心的自信根源

特点二
能带着走

✓ 自身 不言而威的能量
✗ 外部东西衬托

特点三
比不下去

✗ 外围标准 → 攀比之心 → 内心失衡

✓ 内心平和 → 别人做别人 自己做自己 → 心有安处

须得让人来到你的别墅里，坐到你的豪车里，来衬托你的实力，增强你们的信任感，那你是不是很累？不可否认，外在环境带来的实力感、权威感确实能增加人的自信，但不方便。真正有水平的人，可以随时随地获得信任，有些人可以做到不言自威，一开口说话就自带能量，这就是强大内心铸就的核心自信，可以一直随身带着走。

第三，比不下去。 你只要是关注外围标准，你就会有攀比心，只要有攀比心，就有内心失衡的时候。遇到比自己优秀的、比自己有钱的、比自己好看的，都会立降自身位置，觉得人家高你一等,自然就会有卑微感。而内心强大之人,只关注自己的内心是否平和,没有对比,就没有伤害,他们往往能做到,允许别人做别人,允许自己做自己,任何时候自己都能心有安处,不乱阵脚。

除此之外,我们必须意识到,真正的自信,是不需要嘴上喊出来的,而是一种潜意识的自信。而潜意识自信,**就是对自己能力、非能力和潜能力都能发自内心地悦纳与信任。**

什么是**能力自信**?能力自信,是相信自己能做好的事,就会拿出舍我其谁的魄力,勇于将自己的最好水平展现出来。就像我演讲这么多年,对舞台和观众的感觉,就像运动员对赛场的感觉一样,一旦上了舞台,我就完全自由了,既然热爱又娴熟,那该绽放就绽放,这样大家和我都开心。

什么是**非能力自信**?非能力自信,是对自己目前不能做的事,也能以平常心看待,做到坦然处之,不因为此事不能做,就觉得很丢人或低人一等。就像我,啥饭都不会做,我经常在公开场合说,我就是个生活白痴。我敢于暴露我的缺点,并且觉得这个没什么,这也是一种自信,一个人不必把自己伪装得所有方面都很完美,那不是人,人们也不喜欢。

什么是**潜能力自信**?潜能力自信,是当某件事在某个时刻必须要做或不得不做时,你相信自己只要做,一定也能做得到,正因为有这种相信,你就能逼出或升华到忘我的状态并将未曾意识到的潜能发挥出来,从而把事情做好。就像我刚才说的不会做饭,那是我不能吗?那只是我还不想学,如果有一天,我一个人在家，也不能点外卖，或灵感大发，突然想学做饭，你看我能不能学会？天底下任何的技能都是如此，别人会的，只要你想学，哪儿有学不会的？我经常讲，作为一个男的，除了不会生孩子，啥都能学会，你同意吗？

当我们对自己的能力、非能力和潜能力都拥有无条件的接纳和信任时，我们就会处在稳定的自信水平状态，相信在那时，我们无论面对任何人和事，都可以从容应对，泰然处之。那到底如何快速修得核心自信，以让我们随时随地都能充满自信呢？下一篇，咱们接着聊。

3.3 | 随时随地充满自信

如何才能随时随地保持自信，不受任何外力环境所影响呢？

在讲方法之前，我们必须要认识清楚，导致一切紧张不自信的罪魁祸首，都是我们内心的乞求感。我们乞求别人的好感、乞求工作顺利、乞求结果理想，而潜意识的工作原理是：**你越乞求，越被动；你越讨好，越不好！**

因为当你开始乞求时，潜意识就会心理暗示"**你匮乏，才乞求**"，当你开始讨好时，潜意识就会心理暗示"**你不好，才讨好**"，你想想，你的潜意识一直给你加强暗示"你匮乏，你不好"，那你还能自信得起来吗？

所以，如果不能克服掉内心对外的乞求感，学再多方法也用不出效果。

那如何克服乞求感呢？

送你四个字：**转求为发**。意思是，**把对外的乞求心转换成对外的发心。不再把注意力放在我能从别人那里得到什么，而是放在我能为别人做点儿什么**。你要放下对外乞求的心思，进入当下可做的事里。

简单说，**就是：跳出"我想让人……？"进入"我能为人……？"** 前者是把决定权交给了别人，但别人能不能按你所希望的来做，完全取决于别人，而不是你的意愿，因为你不确定，所以你就会紧张；后者是把主动权把握在自己手上，因为发心是由你自己发出，能为人做多少也由你自己决定，完全是你自己的事，与别人无关。这样一来，尽心而为即可，心里没了负担，怎么发挥都自在。

想要做到随时随地充满自信，除了要克服对外的乞求感，你还要有正确的应对心法，才能事半功倍。想要强化核心自信，可以遵循以下三大心法，一旦掌握，你就可以轻松应对任何场合。

一、医生看病法

跟人打交道，有两种主流心态。一种是患者心态，一种是医生心态，哪种心态更自信？那肯定是医生心态。**医生看病法，就是进入医生心态，关注对方的问题和解决方法。**

我们平时之所以产生自卑感、紧张感，就是源于患者心态，太关注自己的问题和需求。 患者心态为什么要不得？因为患者满脑子想的都是自己的痛苦，并且把医生当作自己的救世主，所以，面对医生问话或指示时，必须言听计从，毕恭毕敬。

而医生为什么不紧张？因为他对患者没有需求，他的关注点只在患者对他的需求上，所以无论是问病情、看片子、开处方，他都无须顾忌。更何况，**人际关系的规律本就是：人越被需要，越占主导地位。**

你跟人打交道的本质，就是在跟人的需求打交道。**无论你处于什么条件下，只要你是以人的需求为导向，去实事求是地面对每个人，你就不会有任何紧张的情绪，因为你是供给方，能给多**

少就给多少，给不了也没办法。

你可能会问："那你不担心别人多想吗？"那我问你："如果你是真心帮对方解决问题，对方多想，对你坏处大，还是对他坏处大？"

既然选择医生心态，你就该多了解别人的问题和需求，并积极针对对方的需求出谋划策。至于患者是不是讳疾忌医，会不会按医嘱吃药，你管不了那么多，你只能做好自己该做的。反正是他的毛病、他的需求，你已经尽了自己最大努力了，问心无愧就好了。医者仁心，你只需守护好你的初心，就是你说的每句话、做的每件事，出发点都是利他的，就没什么好顾虑的。

除了医生心态，具体怎么善用医生看病法，快速进入自信状态呢？

以下**三句灵魂自问**，让你随时进入以人为本的模式：

1. 在面对谁？（一个对你有需求的人）
2. 要解决什么？（一个需要解决的问题）
3. 要怎么解决？（一个你能帮到他的方案）

对应以上三步，我们分别结合实际阐述一下如何应用。

首先，你必须认识到，任何一个跟你有交集的人，都是对你有需求的人，即使没有物质利益上的需求，在精神情绪上也会有需求。哪怕对方很厉害，他起码也有被尊重的需求吧，你在吃饭时为对方夹菜，喝完酒为对方安排代驾，总能以对方为中心去想、去说、去做，就能赢得对方的好感。当然，不可否认，越高位、高能之人，对外需求感会越低，但不意味着他对你没有任何需求，如果真没任何需求的话，他又何必见你？人因需求而存在，是人就一定有需求。

你能把对方当作对你有需求的人，那接下来发现对方需求就不难。怎么做好第二步"要解决什么"？**一方面要善于观察**，对方展示各种优势的需求，是希望你能看到；对方抱怨不满、倾诉委屈的需求，是希望你能理解；对方表达担忧、焦虑的需求，是希望你能安抚……即使对方什么都没做，只是很高冷地出现在你面前，他至少也在传递着一种不希望你太打扰他的需求，仍然是有需求的。除了发现需求，**另一方面，你也可以从自身出发**，想一想你能为别人做些什么，通过价值供给，满足任何人都不会抗拒的情绪价值或利益价值等需求，比如：谦虚、热情的态度，及时赞美的行动，或活动后给人安排好适宜的伴手礼，等等。你说谁能拒绝真正的善意？

第三步"要怎么解决"，就是带你进入跟对方的有效社交。当我们能观察到对方的需求时，我们就可以用医生心态，为其进行分析、开处方，真正帮对方解决问题，这才是我们的价值体现之道。你发现对方展示优势，希望你看到，那你就不能装瞎，该夸就得夸；发现对方抱怨，希望你理解，那你就表达你的感同身受；发现对方表达焦虑，希望你安抚，那你就给对方传递正能量和希望。即使对方一直很高冷，希望你别打扰他，那你就做好自己，保持点儿距离，该做什么做什么。即使你遇到对你似乎没任何所求的人，也可以从自身出发，想一想你能为他做些什么，哪怕只是暂时提供些人人都无法抗拒的情绪价值。

再举个例子,谈一下"医生看病法"三步走的应用。

很多人一在公众场合讲话就紧张,怎么进入以人为本的模式?

1. 在面对谁?

我面对的是想在听讲中获取价值的一群人。

2. 要解决什么?

传递我可提供的现有价值和未来价值。

3. 要怎么解决?

以大家的价值需求为主,现场提供价值并塑造未来价值。

二、善意表达法

我们大部分人跟在意的人交谈时,之所以会紧张,就是因为在**乞求好感**,而非**表达好感**。乞求好感,就是乞求通过表达让对方对自己产生好感。表达好感,是纯粹地表达对对方的好感,这有本质的区别。**真正的魅力表达,绝非乞求好感,而是表达善意。**

你仔细想想,别人凭什么因为你几句曲意逢迎的漂亮话,就得对你有好感,就得给你提供帮助?这样的交换不对等。要想让人对你好,只有你真正对人好,这样的交换才稳定且可持续。厉害的人眼里不揉沙子,你说话的时候,心里带着几分诚意,他一看便知,所以,不要在比你厉害的人面前玩小心思,任何想要索取的心思,都能被他一眼看穿,表面上人家不会揭穿你,但心里已把你屏蔽。

我们很多人在大人物面前说话紧张,还有一点原因,就是

怕出错，怕自己哪里做得不到位会给人留下不好的印象，怕怠慢对方、冒犯对方，这也是我们很多年轻人讨厌各种社会潜规则、暗规矩的原因，因为怕一不留神就犯错。其实这本质上，也是一种乞求好感的心理。

真正受欢迎的表达，不在表达技巧、公式话术，也不在你多优秀或多恭维，而是心无挂碍的善意表达。

那什么是善意表达？就是所有能让对方感受到美好的方面，都是你表达善意的范畴。

我介绍三个生活中常用的**善意表达法**：

1. 表达敬意（真令你敬佩的点）

人作为群居的社会动物，都希望自己是重要的、被喜欢的、受尊敬的。

不过在表达敬意时，你要想诚意满满，就一定要找到对方真令你敬佩的点，否则就是拍马屁，容易弄巧成拙。

你可能会说："对方身上是真没有我敬佩的点！"如果真没有，当然不用勉强，但以我之见，如果对方混得不错，你所谓的"真没有"，应该源自你对他的不熟或傲慢，你愿花点儿心思，并谦虚一点儿，还是可以找到一些对方身上的闪光点的。

比如：对方自豪的经历、成功的事实、专业的特长、取得的荣誉等等，你都可以用请教分享或直抒崇拜之情的方式，来表达你的敬意。

2. 表达谢意（真心感激的点）

大家都喜欢感恩的人，尤其是在你取得成绩的时候，仍然不忘向别人表达你的感激之情,这样的你,就很容易赢得别人对你的欣赏。真正懂得让功、感恩的人,最有贵人缘。

过去经常有学员说,饭局应酬时,每次敬酒都不知道说什么,于是就在市面上买了好多教高情商敬酒词的书或课,但学完了还是一到现场就发挥不好。

为什么一学就会、一用全废?本质上都不是口才的问题,也不是情商的问题,更不是记忆力的问题,这就是太想给人留下好印象,而忽视了内心的真情流露,本质还是心的问题。

所谓敬酒,就是以酒来表达敬意,除了用上面讲的表达敬意的方法,针对相对熟悉的人,最好的方式,就是表达谢意,你们既然在一起那么久了,对方身上一定有值得你表达谢意的地方,无论是对方曾私下帮你的忙,还是某次讲了对你有启发的话,哪怕只是对方的某个优点或行为,对你产生过激励作用,这都是可以向他表达善意的点。

3. 表达美意(真为他高兴的点)

我们接着上面饭局敬酒的话题来讲,如果在这种场合,你不自在,就想想其他人有什么值得你庆贺的点,这样的话,你就可以借此向对方表达美意。因为没有人能拒绝别人真诚的美意和祝福。

比如:对方在公司里升职了,你可以真诚恭祝他步步高升节节高;对方家里孩子考上大学了,你可以祝福他的孩子鹏程万里,前程似锦。有没有漂亮的词汇,都无所谓,带着你真为对方感到高兴的态度,哪怕就说一句"真替你开心",也会让对方感受到满满的诚意。

我们很多人总追求把话说漂亮，其实大可不必，把话说真诚比把话说漂亮重要一万倍。就像在农村吃席或参加婚礼，没那么多长篇大论，主人一句"吃好喝好啊"，直接热情到位，不丢人，反而是那种想给人留下好印象，想说漂亮话又没说漂亮的，才会丢人。

不要以为这样上不了台面，只要真诚地结合现实情况善意表达，到哪儿都受欢迎。

就像大家在网上也都看过很多大学校长在毕业典礼上的演讲，你看到西安交大王树国校长的讲话时就会情不自禁地多听一会儿，因为他没有口号，没有套话，没有官腔，有的只有对孩子们的肺腑之言，哪怕在雨中的脱稿演讲，虽然只有几句，但铿锵有力，掷地有声："让暴风雨来得更猛烈些吧！新时代，新赛道，新征程，在这个新的时代，你们走向社会将会承担更重要的责任，而这新的时代，将会改变人类社会未来发展之进程，而你们将会有无限之发展空间。"

永远记住：真诚地表达善意，无需华丽的语言，却无往不利！

三、知幻即离法

我们做事时很多时候会畏手畏脚，就是因为我们给自己或事情贴了负面的标签，从而增加了行动意愿的阻力。比如：我在这方面不行，那件事好难，我做不到等。

要知道，所有你贴的负面标签，**都是一种主观判断，而非客观事实**，它本不存在，只是一种意识，是虚幻的，既然是幻影，你又何必纠结？请问，你平时走路会跟自己的影子打架吗？不会，是因为你知道影子是虚幻的，它伤害不了你。但**为什么你经常用胡思乱想、贴负面标签，来摧残自己、打击自己呢？是因为你以为你贴的负面标签是真的，如果你深刻地认识到你脑子想的这些都是假的、是幻影，你是不是就不会拿它来干扰自己了？这就叫知幻即离。**

《金刚经》中，佛告诉须菩提："**凡所有相，皆是虚妄。若见诸相非相，即见如来。**"后来禅宗六祖惠能得法前，五祖弘忍为惠能说《金刚经》，至**"应无所住而生其心"**，惠能言下大悟，一切万法不离自性，得传衣钵。后来王阳明经龙场悟道后，成为心学集大成者，也提出**"心外无物""无善无恶心之体，有善有恶意之动"**。连推动科技创新、成就3家500强企业的日本经营之圣稻盛和夫也强调**"一切都是心的投影"**。

这已传承了2000多年未变的经典智慧，正在通过一代代开悟者的传奇开示我们，我们要**像镜子一样活着，物来则应，物去不留，应照万物而不执着万物，才不会被其所扰。因为你执着什么，它就会变成什么来影响你。**就像你执着定义这事很麻烦，就会生出一个害怕麻烦、逃避麻烦的心，你的心已经乱动了，怎么还可能制心一处，把它干好？其实事还是那个事，当你不用"麻烦"来定义它，只去想怎么做，并按规律去做，不带其他杂念去做，你就会发现，它也不过如此。

所以，稻盛和夫的"六项精进"中提到：**"不要有感性的烦恼！"**因为所有所谓的烦恼，都是虚生幻象，本就无生，又何须灭？你认识到这点，就会立刻从中解脱。

虽然我并没有任何的宗教信仰，但我确实觉得很多经典智慧值得反复参悟。虽然我现在领悟到的还只是九牛一毛，但已让我和我很多学生及家庭非常受益。熟悉我的朋友，知道我鼓励大家学经典、悟经典，但并不是鼓励大家都遁入空门，跑到深山老林里，与尘世隔绝。我一直认为，**在尘世的每一件事，都是我们修炼自己的最好道场**。正如稻盛和夫所说："**做事是人生最好的修行！**"阳明先生也一直强调"**事上练**""**致良知**"。这都是大师对我们最诚挚的人生忠告。

那我们如何通过事上练，让自己的内心变得更强大，让自己加强自信定力呢？

我提一个日常事上练原则，就是：**忘掉感觉进入事**。

如何做到"忘掉感觉进入事"？坚持三个自我询问：

1. **我该做什么？**（找到当下事）

2. **我该怎么做？**（按利他规律去做）

3. **进入做了吗？**（听话照做，臣服于心）

我带学员的过程中，经常会遇到学员说"我总是坚持不了多久，就又回去了，感觉自己做不到"，还是那句话，不要给自己和事情贴负面标签。**长期问题，要有长期耐心**。就像有些朋友暴饮暴食这么多年形成的肥胖，哪儿能那么快就能轻易减下去？整个减肥的过程，除了锻炼，还要克制你多年来恶习而致的负能量牵引，本身就不容易。如果你暂时又退回去了，也没必要停留在懊悔和自我怀疑上，觉察到了，直接把自己拉回正轨就好了。

在这个世界上，能像六祖惠能那样，一听人讲经就能"顿悟"的人不多，这要看一个人的心性和慧缘。即使我们不能顿悟，至少可以像神秀大师所提倡的"渐修"之道，"时时勤拂拭，莫使染尘埃"，让自己**随时自我觉察，不断回归正轨**，我们自然会有日渐强大的内心，最终做到如王阳明所说的境界：**"此心不动，随机而动。"** 待到那时，万事必成！

● **人物典故：惠能顿悟与神秀渐修**

中国禅宗史上有两则著名的偈颂，是记录惠能大师和神秀大师在顿悟和渐修之论的代表偈。当年在做偈的时候，他们还只是五祖弘忍大师的门徒，当时的惠能天天在米房舂米，用功修行，而当时的神秀已经是弘忍大师门下的大师兄了。

有一天，弘忍大师要大家做偈，想以此观察大家的见地，并打算传承衣钵。

当时神秀已经跟了五祖弘忍多年，学问渊博，佛法精通，他把偈写在壁上，全寺上下看到神秀的偈很好，而五祖看到后觉得神秀"未见本性，直到门外，未入门内"。

惠能也认为神秀的偈不够有见解，虽然他不会写字，但他托别人将自己的偈写上。大家看到惠能的偈后都大为惊叹。五祖弘忍大师一看，发现惠能的偈更好，但又担心惠能会因此而受人迫害，便把惠能的偈擦掉，曰："亦未见性。"

神秀的偈："身是菩提树，心如明镜台，时时勤拂拭，

莫使染尘埃。"

惠能的偈："菩提本无树，明镜亦非台，本来无一物，何处惹尘埃？"

第二天，五祖到碓房找惠能，用竹杖敲了三下碓，暗示夜里三更让惠能独自去找他。时辰一到，惠能前去找五祖。五祖用袈裟将门窗遮围起来，不让其他人发现，为惠能说《金刚经》。五祖为惠能受法后，将衣钵传给惠能，并让他往南方去，以免被人加害。

后来，禅宗分为南宗和北宗，南宗以惠能的顿宗为代表，北宗以神秀的渐宗为代表。

惠能说："本来正教，无有顿渐，人性自有利钝。迷人渐修，悟人顿契。"意思就是说，本来佛法不分顿法和渐法，也无所谓顿宗和渐宗，只是人的慧根有差别，有些人慧根好，很容易就顿悟了，有些人慧根不高，则适宜渐修。是顿悟还是渐修，则是看人的资质了，相当于因材施教，不同水平的人适宜用不同的教育方法。当然这两种佛法也没有什么高下的分别，适合自己的就好；药无分贵贱，对症的药就是好药。如此说来，六祖惠能并不排斥神秀的渐修法，把他当作八万四千法门当中的一个。五祖弘忍当初在众弟子面前评价神秀的偈说："依此偈修，免堕恶道；依此偈修，有大利益。"可见，五祖对神秀的评价还是非常高的，尽管神秀的慧根不及惠能。

钥匙四

气场和魅力

▶人人都有慕强的天性，想让人人都能为你好，就要由内而外地打通能量，释放强大的魅力和气场。有气场才会让人敬畏，有魅力才会让人喜欢。做一个让人又敬又爱的人，才是社交的最高境界。

4.1 人人都逃不了的慕强天性

自古至今，生物进化的道路就是一场无休止的竞争与适应。在这场大型"角逐"中，无论是微小的昆虫还是高度智能的人类，都无法摆脱对强者的慕赏与追求，尤其在人类的社交行为中，弱者对强者的崇拜或追求，尤为明显。这种"慕强天性"，贯穿自然界至人类文明的每一个角落。

一、自然界的慕强之道

在广袤无垠的自然界，生存是每个生物的基本权利，但生存的方式却是各异的。从进化的角度看，生物逐渐发展出各种机制以保证自身的存续。

例如，雄狮是非洲草原上的霸主，强健的体魄和威猛的气势使得其他动物望而生畏。雌狮子在选择交配对象时，往往更偏向于那些更强大、更有统治力的雄狮，因为强大的雄性才有可能使后代强大。这种偏好是雌狮子的天性使然，也是自然界生物慕强的一种表现。

不仅仅是狮子，许多其他物种在繁殖选择中也表现出类似的偏好。鲜艳的羽毛、雄壮的体格或高亢的歌声，都可能成为雌性选择伴侣的标准。这背后的逻辑都是希望后代拥有更好的遗传基因，有更大的生存机会。

因为从生物学的角度看，生物的基本目的，就是将其基因传递到下一代。为了实现这一目标，无论是雌性动物，还是雄性动物，在它们选择交配对象时，往往都会选择那些具有更好基因、更高生存率和繁衍能力的伴侣交配。这种选择，完全是由"慕强天性"主导的。

二、人类的发展史与慕强天性

从史前的原始社会到现代文明，人类的发展历程中无处不体现着慕强的天性。早期，物理力量和狩猎技巧决定了人的地位。强壮的男子不仅能获得更多的食物，也更受女性的欢迎，因为他们能为家庭提供更好的生活条件和保护。

随着文明的进步，慕强天性逐渐转向知识、权力和财富。古希腊的哲学家、中国古代的文人雅士、欧洲中世纪的骑士，他们在各自的时代，都代表了当时社会中的强者。人们崇拜他们，想成为他们，这背后的原因，依然是对"强"这个概念的天生尊崇。

到了现代社会，企业家、科学家、艺术家等成了新的强者。他们的成功引起了广泛的关注和模仿，这也是慕强天性在现代文明中的延续。

三、慕强是人类进步的内生动力

慕强天性不仅仅是一种浅显的追求，从深层次上讲，它是生物进化和种群繁衍的驱动力。只有追求更好、更强的生物才能在残酷的自然环境中生存下来，为种群的延续和进步提供动力。

对于人类而言，慕强天性也推动了文明的进步。无数的发明、探索和创新，都源于人们对超越自我的渴望。我们崇拜的那些历史人物、文化符号，都在告诉我们：不断进步，追求更好，这是人类的天性。

四、慕强天性的现实意义

作为群居动物的一分子，人类在人际交往中，**为了避免受到伤害，都天然地想要跟强者结盟，加入强者的组织，这是本能的保护机制。**就像饥饿机制，你肚子饿了，就是提醒你该吃饭了，避免出现营养不足饿死的情况，再比如疼痛机制，不小心扭伤了脚，脚就会特别疼，如果没有这个机制，那么你有可能会继续上蹿下跳，会让脚受到更大的伤害。

慕强也是如此，即使你已经很成功了，看到另一个能力很强的人，也会自动产生被吸引、欣赏的感觉。**因为只有跟强者在一起，我们才更容易获得好处，增强实力，抵御更大的风险，更好地生存下去，这是人性趋利避害的本能。**无论是找工作、找对象，还是找合伙人、合作方，我们都希望找到更好的、更强的，这都是我们的慕强基因使然，谁都逃不掉。

很多人受慕强天性的推动，去爱慕强者，这本没有错，但爱慕若变成了依赖或只求得到强者的照顾而不愿付出，那就是对慕强最大的误解，因为**强者也有慕强天性，强者也只会喜欢强者。**哪怕你和你的爱人曾是众人眼中天造地设的一对，如果对方一直在变强，而你没有提升自己的能力，那你一厢情愿地想让对方一直爱你如初，基本就是痴人说梦，因为**慕强天性不因任何人的意志而改变，你只有顺着这个规律去做好自己，才有持续被人爱的强者魅力。**

当然，现实生活中，还有更蠢的，就是与慕强天性背道而驰，最典型的就是做损人不利己的事，尤其是弱者对强者进行陷害。有些人害怕别人太强大，不从自身想办法提升能力，光想着用尽一切办法搞破坏、占便宜、耍阴招，意图用尽一切阴险卑鄙的手段去搞垮对方。这种人最可怜，因为他无论做了什么，都没有让自己变强大，仍然是个弱者，就算阴谋得逞，也摆脱不了弱者的命运，下一个摧毁他的强者会换个模样出现，甚至他本欲陷害的人，有可能抗打击能力比较强，反而因他这一次次的刁难变得更强大了，到最后，他有可能还会落得身败名裂的下场。电视剧里的那些宫斗和现实生活中的家庭内斗或"商战"，无不是这样的剧情。

不论是自然界还是人类社会，慕强天性都是一个深刻而普遍的生物生存规律。我们了解它，可以帮助我们更好地理解自己和他人，也可以帮助我们在社交和事业上更好地定位自己，强化强者思维，提升强者势能，从而更轻松地实现个人和团队的目标。

4.2 慕强的本质和人性刚需

一、人人天生慕强的本质

我们在前面讲了"人人都逃不了的慕强天性",既然人人都会慕强,那慕强的本质是为了什么?

本质只有四个字:**趋利避害**。这也是人性的本质,为了更好地存续,人都习惯于向有利或愉悦的事物靠近,而远离有害或不愉快的事物,这也是一切生物面对外部刺激的本能反应。人之所以都会慕强,就是因为,如能跟强者在一起,得到强者的保护,那自然容易靠近利益,规避伤害。

生物的最基本目标是生存与繁衍后代。 从进化的角度看,那些能够识别并远离危险,同时有效地寻找有利资源的生物,更有可能生存下来并延续其基因。因此,经过数百万年的自然选择,趋利避害的行为在许多生物中得到了强化。

由此可见,趋利避害,就是人类的本质需求。研究人性,就是研究人性的需求。 所有人际关系高手或事业成功者,都是通人性的高手,就是无论见任何人,都能快速知道对方需要什么并能即时满足或引领。

那我们如何快速识别别人的需求,并及时做到满足或引领呢?我们必须要了解人类有两大刚性需求。

二、是人就有的两大刚需

我们想要理解人的两大刚需,就先要了解人的两大属性。人的需求,脱离不了自己的属性。

首先,**人的第一属性,是自然性。人作为自然动物,就离不开"生存需求"。**

人类的早期祖先,为了在自然环境中生存,必须满足一些基本的需求,如食物、水和住所。这些需求与今日我们所知的其他动物类似,是每个生物存活下去的基本条件。

食物、水和住所,这些需求的本质,其实是人的实用性需求和安全感需求,这也是人类生存需求的两大类。

1. **实用性需求——如:食物与水。** 人类的早期祖先以狩猎和采集为生。他们必须不断寻找食物来源,并找到可靠的水源,还要尽可能用较小的体耗,找到最多支撑家族生存的食物和水。今天的人们出来打拼挣钱,首先就是要满足最基本的物质需求,买东西想要**"多、快、好、省、全"**,这也是一种非常实际的实用性需求。如果你设计产品或推广产品,能从这些维度切入,你一定会更容易取得成功。

2. **安全感需求——如:住所。** 为了保护自己免受恶劣天气和野生动物的威胁,人类需要寻找或建造遮蔽所。这说到底,就是人类的安全感需求。因为人人都要面对外部环境的不确定性,人人都畏惧不安全因素,所以,**能给人带来安全感的方案,往往都会受欢迎。** 比如:电商平台的七天无理由退货,先尝后买的推

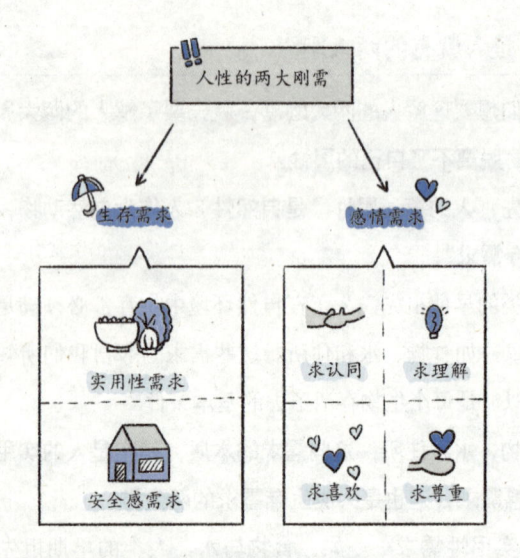

```
            人性的两大刚需
           ↙         ↘
       生存需求     感情需求

    ┌──────────┐  ┌──────────────┐
    │          │  │              │
    │  实用性需求 │  │ 求认同   求理解 │
    │          │  │              │
    │──────────│  │──────────────│
    │          │  │              │
    │  安全感需求 │  │ 求喜欢   求尊重 │
    │          │  │              │
    └──────────┘  └──────────────┘
```

广策略，签合约的零风险承诺，等等。

人的另一大属性，就是社会性。人作为社会动物，就离不开"情感需求"。

我们人类祖先最早演变成群居的部落生活后，为了能更好地生存下去，每个人在部落里都会谋求他人对自己的接纳、理解、喜欢和尊重，因为一个人一旦不被人接纳，就将面临被排外或者被驱逐，一旦被自己部落抛弃，就会面临洪水猛兽和其他部落的双重风险，很容易死于非命。所以，为了避免陷入困局，人都会有求认同、求理解、求喜欢、求尊重的情感需求。

三、求认同需求

你一定要时刻提醒自己：没有人喜欢被否定的感觉。而我们现实生活中，经常会出现直来直去的指责、否定、批评、嘲讽、打骂等让人难以接受的言语行为，尤其是对身边的人。其实你那样的沟通方式，不仅不会起作用，还会起反作用。就算你靠这些手段让对方服从了，那也是假象，人心不服，还会再犯。所以，**如果你真的想跟对方搞好关系，那就在以后的沟通时，多表达一下对对方的认同。**

比如：你不认同同事的方案，先别急着否定，可以先铺垫一句"我知道你这样想也是为了公司好"，然后再转向你对此事的看法，是不是对方也更容易听进去呢？

再比如：你着急带孩子出门，看到孩子磨蹭时，在你想要指责他"能不能快点儿"之前，就不如先铺垫一句："哎呀，时间就剩最后 10 分钟了，咱们来一场闪电行动吧！来，见证奇迹的时刻到了！"

再比如：你在遇到客户说产品贵的时候，也不要着急去解释、去证明，因为你还没有认同他，就用"一分钱一分货"来否定他，就算你说明白了，他心里还是不舒服。这个时候，你就应该先铺垫一句"一听您就是行家，对我们这个领域的行情很了解呀"，然后才将话锋转到当时跟他一样感受的人，后来为什么在你这儿买，并且还推荐给了多少个亲戚朋友，拿反转事实引出他的好奇心，当他想要了解真相时，你说什么对方都更容易接受。

四、求理解需求

有一句话叫："**花只有放在懂得欣赏的人面前，才显得美**

丽！"每个人都希望遇到懂他的人，正所谓"士为知己者死"。人际交往的最高境界，就是让他觉得你懂他。因为只有他觉得你懂他，他才会把你当自己人，对你不设防，真正地坦诚相待。

那怎么做到懂他？你可以先从理解对方的每一个初衷开始。也就是无论他的言语行为有多么让你觉得不可思议，你都要相信，其任何行为的背后，都有一个在他个人立场下合理的动机。你之所以会觉得不可思议，甚至不可理喻，是因为你一直站在你的立场来看待，而不愿换到对方的立场来理解。所以，你一着急一上火，表达的方式都是对对方的攻击。你完全把自己放在了对方的对立面，不就平添了疏通思想、解决问题的难度吗？

哪怕是你的孩子对着你哭闹，他的感受也一样值得被理解。比如他的玩具被你摔坏了，他朝你发脾气。如果这时你嫌烦，直接回一句："回头再给你买一个不就完了吗？别哭了，不至于啊！"你这样的表达，从严格意义上说，也是一种暴力语言。因为：

1. 你没有对对方的感受表示理解；
2. 你还在否定他的感受——"不至于啊"；
3. 你还阻止对方表达感受——"别哭了"；
4. 你在开头第一句就忽视了对方的感受，"回头再给你买一个不就完了吗？"这句话，就在暗示对方"你的感受不重要"，这会造成孩子以后有心里话也不愿跟你说。

天底下还有比这更残忍的家教语言吗？人都是情感动物，表达感受是再正常不过的事情，孩子但凡有别的办法，也不至于如此大动情绪地找你哭闹，**其实人在哭闹的时候，自己承受的痛**

苦最多，很多时候这只是没有办法引起人重视而不得已的举动。

既然对方就是为了让你重视他、理解他，你就应该第一时间让他知道：你看到他了，你也感受到了他的难受。你要先解决**心情，再解决事情**，而不是一上来就用你的理性思维给对方提建议、出方案。对方需要的，是你能不能从对方表现出来的心情入手，表示一下理解，然后再进一步到解决事情的层面。

所以，如果你把你家孩子的玩具摔坏了，你该怎么说？你可以共情表达三步走：

第一步，正视事实：对不起宝贝，这是爸爸的错。

第二步，理解感受：我知道你很喜欢它，被爸爸摔坏了，你很伤心。看你这么难过，爸爸也很生自己的气。

第三步，补救方案：你看这样行不行？一会儿爸爸看看能不能修复，如果不能修复，爸爸就再给你买一个，等你情绪平复了可以告诉爸爸，你想怎么办？

看到了吗？即使对方有情绪，当你能坦诚面对并开始理解对方感受时，对方的情绪就很容易得以平复，因为他哭闹的目的达到了，已经引起你的重视和理解了，所以，就没有继续下去的必要了。

所以，很多时候，不是对方听不进去，而是你不去理解他！

你可以不喜欢对方的做法，但你必须理解对方的想法！

每个人都有自认为合理的想法和感受！理解对方的想法和感受，就会让他把你当自己人！

五、求喜欢需求

如果说"士为知己者死"讲的是人类求理解的需求,那么"女为悦己者容"讲的就是人类求喜欢的需求。

人类天生都会求喜欢。一方面,这是由人的社会属性决定的,人类作为社会性动物,天生依赖集体生活。与团体保持良好关系是生存的关键,那些能够融入团体并受到他人喜欢的人更有可能获得资源、配偶和保护。另一方面,求喜欢也是人类繁衍后代基因的需求,被喜欢才更容易吸引别人成为伴侣并繁衍后代。所以,你看这些年医美整形越来越发达,市场上教人怎么网上交友、怎么谈恋爱、怎么提升形象等婚恋教育或社交服务平台,一直都不缺受众。

既然人人都缺喜欢,你**多向人表达你对他的欣赏和喜爱**,不就可以了吗?记住,你在表达时,不是伪装出来的,是发自内心的。**当你发自内心地喜欢你身边的人和事,不断地看到人好的一面时,你会发现奇妙的事情发生了,那就是:你更喜欢自己了。**

比如:**很多婆媳矛盾,是源于双方无法真心把对方当作有血缘关系的至亲。**如果婆婆把媳妇当亲闺女,媳妇把婆婆当亲妈,双方就更容易用至诚之爱来面对彼此,即使有误会、有矛盾,拌嘴归拌嘴,但至少都会面对,有面对就有接受的机会,有接受的机会就有化解的一天。现在大部分家庭的婆媳矛盾,是一方总觉得另一方对自己不好,所以就为自己的不好找到了开脱的理由,心里还老觉得自己没什么不好。其实在你觉得对方不好还在抱怨的时候，你已经不好了。不要总想着等对方先让步，因为**真正的爱，与对方无关，你爱自己也爱这个家，无论对方如何，你都可以用爱的方式来理解、来表达，你自然就会活在爱中，爱又主导喜悦，你爱别人你就会喜悦。**

六、求尊重需求

人都希望自己在别人眼里是重要的、是被重视的，当你给他传递一种**你很把他当回事**的感觉，他就会特别感动。所以，社交高手向来也都很擅长给人传递充分的**尊重感。**

早年我还没有线上影响力的时候，被深圳一家机构邀请过去讲课，那时我做企业培训的经验很少，就算有企业邀请，也不会特热情，而那家机构的老板却给我留下了深刻的印象。

记得当时一到机场出站口，我就看到好几个接机人员，穿着十分职业，又是鲜花，又是接机牌，仪式感满满。他们把我送到酒店，又是一捧鲜花，还有一张很有温度的贺卡。机构负责人见到我，也不谈对次日演讲内容的担心，只谈对我的信任，相信我一定会发挥好，并鼓励我晚上轻松睡，次日轻松讲。第二天上课，机构负责人又亲自送上一捧鲜花和一份感激的馈赠。在这之前，我从没有遇到一家企业是如此接待一名普通讲师的，对方全程给了我极致的尊重，也让我有很大的亏欠感，所以，后来无论我线上影响力有多大、线下出场费有多高，只要那家机构有活动需要，我永远都是主动友情支持。当初他让我感到自己值得，如今我也让他产生了值得感。**这种让人觉得值得的**

社交，才是最令彼此舒服的，**这往往可以让彼此在相互欣赏、相互尊重中相互成就。**

有些人会说，我要有钱，也能做到。其实并不是这样，虽然有钱让人更有大气的资本，但一个人大不大气跟有没有钱没有必然关系。我以前有个学员，来自农村，没什么钱，但他很让我尊重。我帮人民大学研究农业的教授推了份调研问卷，他看到了，几乎带着全村人都填了一份。我和人大的朋友都特别感激他，他却说："我也没啥文化，就觉得这事对父老乡亲好，就带大家都填填，方便你们搞研究！"看到了吗？**一个人有多尊重别人，就会得到多少尊重。真正的尊重，不取决于他有多高的社会地位、多高的文化水平，而取决于他的出发点。**简单说，就是**他心里装多少人，就有多少人心里装着他。**

所以，以后再也不要抱怨自己人际关系不好了，你把人面子放心上，别人也会给你面子。你可能会说，"不对啊，我在他面前一直是恭恭敬敬的，但他就是欺负我。"我想说的是，你以为你对他是恭恭敬敬，其实你那是唯唯诺诺，并非真的尊重，**如果是因为对方强势而害怕，那你传递的只能叫懦弱，一个传递懦弱、恭维的人，怎么可能让别人瞧得起你？如何让人不敢欺负你？那就是把传递懦弱换成传递尊重**，比如遇到有人当众拿你开玩笑，你就要提醒他："兄弟，你这样说我，我很不开心。如果是某件事我做得不对，你可以单独给我指出来。但你要再用这种方式对我，别怪兄弟没提醒过你。谢谢理解！"**礼貌而坚定，这才是真正的尊重**，简单说，就是：**你做得对，我自然敬重你；你**

要胡来，那我不能惯着你。 你这样说话，既能赢得周围人敬重，也能赢得别人对自己的尊重。

那有些人说了，"对方要还是不依不饶地欺负我，我还真跟他干起来呀？"那必须的呀，如果他不占理还欺负你，你为什么要惯着他？你不惯着他，才是对他以及对你自己最大的敬重。**如果一条疯狗过来咬你，你光害怕有什么用，该揍它就揍它，最好把它乱咬人这个毛病直接给改过来，以后让它看见你就躲，这才是你真实自我应该干的事。**

当然了，**传递尊重感**，有时根本不需要多做什么，因为它的**核心在于你的心里有敬重**。

当你心里有敬重时，你就会做值得做的事、帮值得帮的人，在你帮了别人之后，别人跟你说谢谢，你也会很自然地说上一句"你值得"。而这句话又会对别人产生作用，让人对你也心生敬重和感激。

你心里有敬重，就会在别人讲话的时候很认真地听，不会随便打断，甚至会拿出笔记本把重点记下来。在你没听懂对方讲什么的时候，不会不懂装懂、不好意思问，因为你知道，只有询问清楚，才是对对方最大的尊重。

你听到现在，是不是感觉社交也没那么麻烦啊，这就叫心法的力量，心对了，一切都顺了。

4.3 | 打造气场魅力的核心法门

既然人人都会慕强,那么如果你拥有强大的气场魅力,自然就会吸引别人。

你感觉自己有气场、有魅力吗?你感觉自己能做到每次说话,都让人既重视又喜欢吗?

你有没有发现,如果你没有气场,欺负你的人马上就来了。因为没气场,别人就不会把你当回事;因为没气场,你就人微言轻,你的话别人根本就不听,还很容易被挑剔;因为没气场,就会有人把你当软柿子捏,甚至骑在你头上撒野,因为他们知道,再怎么不给你面子,你也不能把他们怎么样。就像小孩在学校被校园霸凌,越是默不作声,霸凌者就越是肆无忌惮。很多羞辱之事,只有零次和无数次。你记住,现实生活中,别人对待你的方式,都是你的表现吸引来的。你到底是吸引别人对你好的气场,还是吸引别人对你不好的气场,都是由你的气场表现决定的。该有气场的时候没有气场,表达效果就会大打折扣,说了也白说,比如:团队任务布置不下去,跟孩子说了也不听,等等。

除了气场,再说说魅力这件事。我们都知道,对一个有人格魅力的人而言,真的可以做到不言自威。同样是在台上讲话,有的人就特别稳,无论上台前的气氛如何,他一上场就能眼定、笑定、人定,不着急发言,让掌声先响一会儿,然后一个简单的回敬示意才开始讲话，虽然刚上场时一句话还没说，但其气场魅力能压住全场。而有的人一上台就开始慌张、手都不知道往哪放、拿个稿也是双手颤抖、说话语无伦次、大脑一片空白。说实话，如果你是观众，你可能都记不住他说了什么，但一定能记住他慌乱的表现。

所以，为什么要提升气场和魅力？因为**有气场才会让人敬畏，有魅力才会让人喜欢。做一个让人又敬又爱的人，才是社交的最高境界。**当你能随时随地自带气场魅力时，你就能掌握社交的主动权，从而赢得别人的喜欢和尊重。

那到底如何修炼，才能由内而外地打开气场魅力？接下来我送你四大修炼心法。

一、扛住情绪不反应

在我们情绪不佳的时候，**要有意识地不去做让自己情绪舒服的事、说那些让自己情绪舒服的话。**我们能扛住情绪对自己的冲击，就会显得很有气场和个人魅力。因为大部分降低我们气场魅力的是情绪。

比如：你早上要面对公众做个分享，但你迟到了。如果你很慌、很不好意思，就会在发言的时候说很多道歉的废话："对不起啊各位，今天早上开车开到××的时候，遇到堵车了，一堵就是好长时间，急死我了，让大家等这么久，我真的太不好意思了。"你也可能会说："哎呀，今天早上送孩子上学，后来遇到了××状况，耽误大家时间了，不好意思，不好意思。"

人总是会在情绪紧张时，习惯性地做一些让情绪舒服的举动，比如上面这种，就是一种典型的自我合理化解释，但你根本不知道，你这种解释和道歉会极大地拉低你的气场魅力，就像一个人在 KTV 里被人邀请唱一首歌，很多人无论唱得好不好，要先铺垫一下，"哎呀，很久没唱了""哎呀，最近嗓子不太好"等等，这些都是在给自己做合理化解释、找台阶。这样的自我解释，会显得很低级。因为**你的这些举动，不是别人的需求，而是你期望被理解的需求**。你想想，既然迟到都已经耽误大家时间了，还要继续耽误大家时间来理解你，这怎能不让别人低看你？

正确的做法应该是：**先扛住想合理化解释的情绪，再主动面对当下，一句话致歉或表态，就可以尽快进入大家关心的正题了**。比如，你可以直接说："不好意思，让大家久等了。为了不再耽误大家时间，接下来我直奔主题。"这样言简意赅就可以了，这传递了什么信号？我迟到了确实抱歉，不过我要讲的内容才是我们共同关注的重点。你看，我不过多解释，就是我不需要你针对刚才的行为怎么理解我，但接下来我会让你满意，看到了吗？整个场子我都在主导。这就是气场。

扛住情绪不反应，不光是指不为自己的行为找合理化解释，还指**无论出现什么状况，都要扛住不做为了让情绪好受的下意识行为**。比如：你打电话约一个女生去看电影。人家告诉你："不好意思，我周末已经约了闺密去逛街。"这时候你是不是比较尴尬，有了尴尬你是不是就会习惯性地缓解尴尬，所以，你就会下意识地说"哎呀，这么不巧啊，那不打扰你了，咱们下回再约"之类的话。什么"不打扰你，下回再约"？你说这些话的时候，自以为很礼貌、自以为找回了面子，可是我告诉你，这就是在缓解尴尬，为自己找台阶，一点儿都不会让人高看你。

你想要传递自己的魅力，在约她的时候就不要太有乞求感，可以说："最近有一个电影不错，我准备去看看，你要不要一起来？"这就是**欢迎对方加入你的生活，而不是乞求对方赏脸恩赐**的口吻。如果她说她约好了闺密要去逛街，你也无须有任何的失落感，因为即使没她参加，你也会安排得很好。所以，你就不会说那些化解尴尬的话，而是会说："哦，那祝你们玩得开心，我这边，就自己安排了。"你看这样说，没有任何的乞求感和情绪反应，还让人觉得你这人特别有自己的主见和生活。这才是你有气场魅力的体现呀。

由于我们大部分人的心经常处于"妄动"状态，经常触景生情、因人生念、因事动心，一个情绪接一个情绪，一个念头接一个念头，所以，我们想让自己变强大，只能提醒自己**要随时自我觉察**，因为我们很多的行为是潜意识驱动而致，不太容易觉察。

我有一个小窍门，**就是你可以在情绪不舒服的时候，告诉自己，现在情绪又想让我做出比较低级的行为了，我要暂停一下，我要先扛住情绪不反应，**这就是你气场魅力的起点。这个时候，你的潜意识也会收到一个信号：情绪弄不动你。没错，**弄不动，就是强大的表现，会激发别人的慕强心理。**像明代大思想家王阳明提出过八字真言，叫："**此心不动，随机而动。**"先不动情绪，你才能驾驭情绪，提升气场魅力，实现终极目的。你能随时这样提醒自己，就不会在谈判遇到冷场或僵局时去急着救场；你也不会在别人不相信你的时候急着证明；你也不会在别人不顺你意的时候急着发火；你更不会在遇到事情进展不顺时急着放弃……

当然，你现在虽然知道了"扛住情绪不反应"是气场魅力的体现，但你大部分时候还是做不到，不是因为你本身做不到，而是你过去多年没往这方面努力过，从没想过管理情绪，一直在被情绪管理。所以，**你想让自己变强大，有气场有魅力，不能急，要按照正确的方向一次次努力，注重自我觉察，才能慢慢养成新习惯**。即使有些时候你又回到过去了，也别觉得自己不行，意识到就拉自己一把，扛住的次数多了，对气场魅力的驾驭也就越来越好了。

在压力状态下，"扛住情绪不反应"，这是我们对自己的要求，会让我们更有气场，而如果你想进一步展现你的魅力，让人更喜欢你，甚至崇拜你，还要学会第二条心法，那就是：要主动为人减压。

二、要主动为人减压

每个人在遇到压力的时候，都会在情绪上感觉不舒服，人在不舒服的时候，在没有别人的安慰理解之时，潜意识就会调动其他的情绪，条件反射般做一些自我合理化解释。而如果你能在别人有压力的时候，说一些让人放松下来的话，做一些让人放松下来的事，就会让别人内心特别感动。

比如：你们单位新来一位同事，有点儿内向，向大家自我介绍时有点儿紧张，你要能过去拍拍他肩膀，顺带说一声："兄弟，别担心，跟这帮家伙在一起，我怕你都内向不起来。下回跟公司一起团建一回就知道了。"你这一开玩笑，大伙哈哈一笑，新人也感觉你没把他当外人，一下子就放松下来了。你想想，这种**让别人放松的人，能不受欢迎吗**？

再比如：你和同事团建去KTV，大家刚认识不久，都放不开，都不敢点歌，甚至别人推着你去唱歌，你都不敢去，这就显得你很小气，放不开。但如果你这时候**主动承担起带大家放松下来的任务，甭管好听不好听，上来先唱一首**，吼两嗓子，哪怕不好听，但你放得开，大家是不是一下子就放松下来了，那氛围立刻就有了。这样的你会被大家嘲笑吗？绝对不会，你带动大家情绪放松，哪怕五音不全，大家也会很喜欢你的。

主动带领别人放松下来，这是一种很高的价值体现。你只要能做到这一点，很容易成为团队中的领头羊，成为一群人的社交核心。因为我们每个人身上都有很多束缚，在乎别人的看法，在乎从小到大接受的各种规矩，总是放不开，心里其实很压抑的，尤其是在遇到尴尬冷场、出丑犯错或不熟悉的环境等状况，你要是能带领人放松下来，放得开，别人就会觉得跟你在一起特别开心，感觉你很有魅力。

三、把精力放在事情上

一个人真正的气场魅力，来自他的自我价值感。人在哪方面自我价值感高，自然就会气场足魅力大。**而一个人的价值感，是要靠事情来支撑的。事情是价值的基石，人只是价值的代言。**我们说一个人有价值，其实本质意思是，这个人是一个很能成事、很能解决问题的人。所以，你要想提升自我价值感，就要好好做事，尤其是自己喜欢又对人有用的事。因为这最容易成事，只不过大部分人并不知道。

很多人自我价值感低，就是源于从来没为自己的价值努力过。注意，我说的是价值，不是利益。**价值是相较于别人，你的有用性。**

很多人一直很忙，却忙得没什么价值。比如：有些人从小听话，说是为了让父母高兴；考个好成绩，说是为了父母的体面；天天朝九晚六地工作，说是为了养家糊口、生活所迫……从来没想过自己喜欢什么、擅长什么、适合什么，一直很辛苦，却像行尸走肉一般，活得没有灵魂、没有自己。

很多人说，"我也想做自己，但我没办法！我有孩子要养、有贷款要还、有父母要照料，哪儿有时间考虑我自己啊？"这话听着是不是很有共鸣，甚至有一丝悲壮感？其实这都是没想明白。

一个人只有**多去好好做自己喜欢又对人有用的事，才会让每一步都有成长，自我价值感才会越来越高。**

那为什么很多人会说他没时间、迫不得已只能做自己不喜欢的事呢？**这种状况的背后原因，就是他从来没朝着喜欢又对人有用的方向去走。他将大量的时间浪费在了两方面的事情上，第一种是他自己喜欢但对人没什么用的事上**，比如吃喝玩乐等自我享受上或贪嗔痴慢疑等情绪上；**第二种是他自己不喜欢、只是被动做的事**，比如：当一天和尚撞一天钟地上班、加班，因为自己本身不喜欢干，又缺乏高标准的自我要求，所以就没有好好干，既然没好好干，自然也得不到多大的成长和价值感的提升。

如果你想让自己活得又开心又有成就又有魅力的话，你就必须要记住这句话：**多去好好做自己喜欢又对人有用的事。这里有三个关键：**

第一个关键是"多去好好做事"。一个人找到自己热爱的事，都需要有一个过程。你想要缩短这个过程，只有这一招：多去好好做每一件事。一个人只有认真去做每一件事，才能判断哪些是你喜欢的，哪些是你无感的。

很多人说我幸运，说我那么早就找到了自己喜欢又特有意义的事。其实，他们不知道，在我找到它之前，我是利用别人玩游戏、看电影的时间，做了很多事。也正是因为我每一次都很认真对待、要求自己做到最好，所以才能更客观地判断，什么事才值得我继续认真坚守。所以，我经常说：**现在该做什么、能做什么，就去认真做，这会提升你的判断力。** 如果什么事都浅尝辄止，是没有资格说自己喜不喜欢的。**一个人只有通过认真做好一件事尝到甜头之后，才能告诉自己，这个甜头是不是你想要的。** 就像当年我做的第一份兼职——家教，如果一开始我就随便做做，或者因为太辛苦就放弃了，那后面我大概率会做很多不开心也没有成效的事，晃晃荡荡十几年过去了，也肯定不会有今天的影响力和结果。

你想要开心又有成就又有魅力,除了第一个关键**"多去好好做事"**,还有另两个关键:一个是自己喜欢,一个是对人有用。**同时符合这两个条件的,才更容易成就你。因为自己喜欢能滋养你,对人有用能反哺你,都能提升你的价值感,让你打心眼里觉得自己是个有价值的人,直接从潜意识层面深刻影响自己,只有这样的自信,才是无敌的。**

比如,我喜欢演讲,自己喜欢,又对人有用,演讲的时候很开心,演讲完还能给我带来正反馈,所以,我就会越来越喜欢,越来越努力提升自己的演讲水平,这样一来,假以时日,就会达到一个比较有竞争优势的层次。同理,你喜欢搞设计,这也是一个自己喜欢又对人有用的事,那你就可以像我一样,刚开始不图回报地去多做,反正你喜欢嘛,选择工作时,也不要太看重工资,要看这个选择对你提升设计能力有没有帮助,这样的坚持,会令你迟早比那些抛弃热爱而天天为钱奔波的同龄设计师赚得多。但如果你喜欢玩游戏,那就要考虑,你纯粹为了自己开心,还是通过玩,未来可以靠这个赚回来更多,就像我教出的很多做短视频赚钱的学员,他们有没有喜欢玩游戏的,当然有,但是我提醒他们可以把玩的过程录下来、剪出来、带上游戏厂商的推广链接发视频,赚推广费。这样一来,自己开心了,还能把开心的体验发出去赚钱,你就是一个相对比较理性的人;当然如果你试玩人家游戏是为了开发出让人更开心的游戏,那就更厉害了,当年史玉柱进军游戏行业,天天待在网吧,玩了一个月游戏,最后推出了火遍大江南北的《征途》。

判断一个人喜欢做的事值不值得继续，主要看一个标准，别人会不会因此受益或为此买单。 如果你只是为了自己开心，而不能把开心的过程跟未来的价值结合，肯定就是一个自我消耗的过程，人生必然走下坡路。

四、真诚地表达善意

我们很多人不是表达不好，而是出发点不对。你可以自我审视，过去表达或行为的出发点，到底有多少是在博取对方的好感，有多少是在真诚表达你的善意？ 如果是前者，那是乞求心态，那样的发心就会让你直接处于弱势；如果是后者，那就是富足分享的心态，在任何人面前都有心理优势。

比如给领导敬酒时，有些人紧张，是因为内心对领导没什么敬意或谢意，又不得不表示一下，还怕说错话留下不好印象，所以乞求着好感、说着违心的恭维话，既让自己不舒服，领导其实也能感受得出来。其实领导在那时候特别想跟你说一句："你不给我敬酒也没事，等什么时候你真的特别想过来敬我，哪怕话不多，我们也会喝得很舒服。"但他知道要是说出来，会暴露你诚意不够的心思，所以，就暂时勉为其难地陪你喝了这杯酒吧。**你是在意领导对你的看法，出发点是利己；领导怕说多了你面子上挂不住，出发点利他。** 所以，领导是社交高手。

同样给领导敬酒，有些人不紧张，是因为他首先找到了他对领导要表达的敬意、谢意或恭贺之意，那接下来无论话多话少都不重要，主要是把自己对领导的这份美好的善意传递到了就好。

你给领导敬酒，不是为了博取领导对你的好感，而是为了滋养领导，让领导自己有好的感受。

其实，不光对领导应该如此，对待所有人都要爱上"真诚地表达善意"这件事，这样才能让人感受到你的真诚、单纯和友善之爱。

接下来，我想带你来感受一下**什么是"最有魅力的爱"**。我先给出结论：**最有魅力的爱，一定是你本身享受爱这件事，就是单纯地喜欢为人做点儿有爱的事。**在这里我想分享一个我家里俩孩子的一件事。有一次，在家里吃火锅，姐姐和弟弟都喜欢吃午餐肉，姐姐喜欢把好吃的放在碗里，后面慢慢吃，弟弟很快就吃完了，还想吃，姐姐当时毫不犹豫地把自己碗里的午餐肉都夹给了弟弟，关键是她并没有乞求夸奖和奖励，因为她妈妈正起身去了厨房，我在一旁弄手机刚好抬头看到。我很开心看到她能享受这样爱的动作，那一刻的她，虽然只有5岁，但让我感觉简直美炸了。因为她只是享受爱这件事，而不是因做这件事要乞求得到什么。这种心态的人，对外永远有魅力，内心也永远不会累。

所以，在任何的感情关系中，**什么样的付出永远不会吃亏？就是我爱做对你好这件事，因为我爱做，所以做的过程中就很开心，我只想帮你，你暂时理不理解、回不回报，不是我追求的。**

这种心态不会吃亏、不会被伤的原因，是因为**核心在我，不在他**，我随时可从对人好的过程中受到滋养，对他人没有乞求感，

就不会被人所伤。 你理解，我欣慰；你不理解，我也不伤心，我相信你早晚会理解。你陪我，我开心；你不陪我，我也开心，没你在身边，我依然有很多爱做的事，本身我爱你的本质，就是爱为你做些事。我对你好，你也对我好，我欣慰；我对你好，你却对我不好，我也不伤心，不是因为我想巴结你，而是因为我对你的好，本身没有乞求感，自然就不会心痛。如果你不值得我再对你好，那只能祝福你好自为之了，但不管何时，我都活得很好。这才是**魅力社交的核心，做好自己，极致利他，温暖而坚定！**

如果你参透了我这段话，你就会明白，只有这样的人在感情中才永远是强大的、有魅力的、精神独立的，他永远不会在情感中活得卑微、委屈，无论他遇到什么样的人，因为他不是离开谁就活不了的类型。**对人好而没有乞求，永远是社交的最高境界。**

我们真的欣赏、羡慕一个人，就去真心地赞美他，而不要为了赢得对方好感去说违心的恭维之词，那样的你既不会被对方瞧得起，也不会被你的潜意识瞧得起。

所以要记住，**一切发自真心，你就不会为情所累！**这个"情"，就是情绪。一个人之所以会觉得在社交中累，就是因为对人有乞求感导致的。乞求别人对你有好感，乞求别人觉得你表现好以后在工作上多给你机会，如果你本身没金刚钻，想通过几两白酒揽来瓷器活，最后真顺你意了，也会出现更多的麻烦。当然，你也不要觉得一个人只要工作能力强，什么社交互动都不需要做了。还是那句话，你觉得可以在公司发挥更大价值，通过饭局跟领导多喝点儿以加深印象，为了公司的发展多敬几杯、多喝点儿给领导好好表个态,怎么了?你该上就得上。所以,**真正的高手,都是出发点正确,则内心无敌,永远去积极表达善意,而不是乞求不正当回报**,这种人在任何社交场合都有魅力。

好了,在本章的开头部分,我们就根据人人都会慕强的天性认识到:**拥有更强的气场魅力,自然就会吸引别人对你好。不过想提升气场魅力,是需要在日常坚持修炼的,**所以,我们讲了**由内而外打通气场魅力的四大心法**。

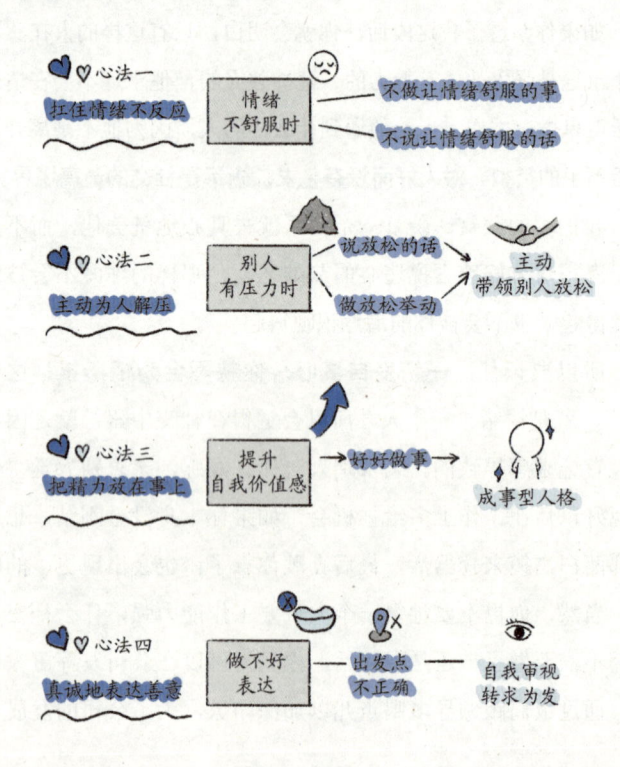

♥ 心法一　**扛住情绪不反应**　情绪不舒服时 → **不做让情绪舒服的事** / **不说让情绪舒服的话**

♥ 心法二　**主动为人解压**　别人有压力时 → 说放松的话 / 做放松举动 → 主动带领别人放松

♥ 心法三　**把精力放在事上**　提升自我价值感 → 好好做事 → 成事型人格

♥ 心法四　**真诚地表达善意**　做不好表达 → 出发点不正确 → 自我审视 转求为发

第一、扛住情绪不反应。遇到情绪不舒服时,先我心不动,跳出情绪,不做情绪俘虏。

第二、要主动为人减压。带人放松下来,是一个人强大魅力的体现。

第三、把精力放在事情上。多去好好做自己喜欢又对人有用的事,提升自我价值感。

第四、真诚地表达善意。管理好自己的出发点,每次都本着对人好的原则去说话做事。

提升气场魅力非一日之功,只有按这些正确的方法时刻引导自己、规范自己,你才会像千雕万琢出的美玉一样,尽显华美,熠熠生辉,以后在任何人面前都会魅力四射,引人爱慕。

钥匙五

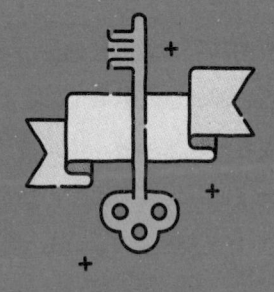

与消耗绝缘

▶ 现实生活中,我们经常会被内在的情绪、念头、习气和外在的遭遇消耗心神能量。想要减少能量消耗,首先就要与那些消耗心神的人事物和坏习惯断舍离。

5.1 降低你能量水平的超级"杀手"

一个人能量水平的高低，通过他的生活习惯就能看得一清二楚。一个守不住自己心神、总是纵欲于外，在物质环境和情绪中内耗之人，往往都很容易思想涣散、情绪波动，拉低自己的生命状态，做事效率也会很低。这些坏习惯，都是降低能量水平的超级杀手，如果你想拥有高能稳定的状态，首先就要与这些消耗绝缘。

下面我们先来了解一下，生活中那些常见的损耗能量的坏习惯，以及它们可能带来的坏处和影响。

1. **情绪化：** 有些人常常很容易受到负面情绪的影响，如愤怒、焦虑、恐惧、伤心等。经常情绪化的人，身体会分泌出更多的应激激素，如皮质醇，长时间处于这种状态会导致身体疲劳，免疫力降低，消耗更多能量。同时，容易情绪化的人，还会影响决策质量，并提高社交成本。

2. **熬夜：** 熬夜和不规律的睡眠模式，会严重干扰生物钟，导致体内生理节律紊乱。长时间这样，人就会疲劳乏力、注意力不集中、抵抗力下降，严重影响白天的工作状态和社交质量，甚至对健康造成威胁，增加患慢性疾病的风险。

3. **不健康的饮食：** 加工食品可能含有添加剂、防腐剂和其他化学物质，人经常摄入就会导致毒素累积，身体需要消耗能量来分解和清除这些毒素，进一步导致精力不足、抗压能力变差。

4. 沉迷玩游戏、追剧：过多使用手机电脑玩游戏、追剧、刷短视频，不仅会导致眼睛疲劳、坐姿不良、注意力不集中等身体上的毛病，还会让人陷入虚拟世界，削弱面对面的社交技能和真实世界的社交联系。

5. 拖延和浪费时间：面对工作和学习任务，你越拖延，效率越低，事情越积越多，越会增加焦虑和压力，并且形成恶性循环，做事的成就感、兴趣度都会下降，目标感和效率也会逐步降低。

分析一下，你会发现，这些坏习惯一般有五个特点：

1. 执行难度很低

你基本上不需要动脑子就可以做这些事，像刷手机，只要在软件里面，滑动手指就可以查看新的资讯和视频。你根本不需要动脑子思考视频里的内容逻辑，只是被动地观看视频。

当你习惯做这种难度低的事情时，面对困难的任务，你会不自觉地产生逃避心理，你的自信心会被消磨掉，对自己产生深深的怀疑。

2. 能带来即时反馈的快乐刺激

这些坏习惯，都能很快地给你即时反馈。比如说玩游戏，你每执行一个动作，画面上就会实时发生变化，跳出各种数字，还会伴随各种音乐和音效，给你丰富的刺激。

你习惯了即时反馈的刺激后，忍耐力和抗压能力会极速降低。你无法接受延迟的满足，很难去做那些有价值但回报晚的事情，很容易变得急功近利，斤斤计较，失去长远分析事情的认知判断能力。

3. 使人时间感知能力下降

我们在做这些成瘾性的事情时,会沉浸其中,对时间的变化感觉不明显。比如上厕所时掏出手机刷短视频,刷着刷着一不注意半个小时过去了,再比如晚上躺在床上看剧,看完一集还想再看一集,不知不觉就到凌晨了,你根本意识不到时间为什么流逝得这么快。

当人们在做一项他很喜欢的事时,他会完全专注、投入其中,忘掉时间的变化,甚至到了废寝忘食的地步,这种状态会加重我们对坏习惯的沉迷。

4. 上瘾性强,无法随时停下

正因为前面这几个特点,导致我们在沾染坏习惯后,往往很容易陷入其中、无法自拔,通俗点儿说就是上瘾了,刷手机上瘾、玩游戏上瘾、抽烟上瘾、花天酒地上瘾,越沉迷越上瘾,越上瘾越沉迷,形成一个恶性循环,难以停止,因为这些坏习惯会深入你的潜意识,形成一种无形的控制力,让你周而复始地重演。所以,人很容易出现戒断反应,就是在经过一段时间的克制之后,坏习惯卷土重来,更加上瘾。

当你对一些坏习惯上瘾之后,你的自控能力会变得极差,你没办法再决定自己时间的安排,只要有时间,就会去做那些让你上瘾的事,把本来应该干的正事推迟,会给自己一个借口,"没事,不着急,先玩会儿手机再看书",一不注意一晚上就过去了,等到晚上睡觉的时候才拍大腿后悔,第二天又控制不住自己,继续浪费时间。

5. 长期收益很低

这些损耗能量的坏习惯，只能满足我们一时，长期来看收益很低，甚至很多是负面收益。比如坏习惯导致的健康问题，体力和精力下降，心理焦虑抑郁，人际关系受损。而且更为关键的是，这其中还存在一个机会成本的问题，人在消耗的事情上停留时间多一些，自然就会在赋能的事情上停留得少一些。如果同样的时间，你去做更有价值、更具有积累性的事，你的生活质量跟现在会完全不一样。

知道了坏习惯的危害和特点，如果你想改掉它们，还需了解一下这些坏习惯是如何养成的。没有什么习惯是凭空产生的，你养成这些坏习惯，肯定有一些影响因素。你对坏习惯了解得更深，在去除的时候才更容易对症下药。坏习惯养成一般是由于：

1. 外界的精神压力

我们从小到大，会面临生活中的种种问题，以及外界群体赋予我们的精神压力，比如从小家长、老师就要求我们好好学习，长大了领导给我们安排高难度的任务，家里老人孩子要照顾，事情堆在一起我们会感到烦恼、焦虑和痛苦，迫切需要一个释放压力的途径，让我们暂时逃避和远离生活中的压力。

2. 自我目标迷茫

我们很多人，从小到大都是按照长辈的规划去生活，并没有特别清晰明确的目标，毕业之后不清楚自己能做什么，应该做什么，面对五花八门的选择，陷入迷茫，不知所措。当我们对长远的目标缺乏规划的时候，我们就很容易被眼下能做的、容易做的、有即时反馈的事情所吸引，哪怕明知这样做不对，但也不清楚更好的出路在哪里。

3. 自由的空闲时间

我们大部分人，对自己的时间是没有规划的，平常上班上学，都可以跟随着公司学校的时间安排，但是回到家，晚上或者周末，拥有自己空闲时间的时候，却不知道该如何安排才更有价值。

4. 无处不在的娱乐信息刺激

养成坏习惯的一个重要因素就是你身边无处不在的娱乐信息刺激，手机上各式各样的游戏软件，身边朋友所聊的信息，聚在一起所做的事，这些泛娱乐化的信息，时时刻刻出现在你的视觉、听觉范围内，无数遍地刺激你的大脑。人的大脑就是这样，接收某种信息越频繁，越会对这种信息形成依赖。当你身边人都聊八卦消息时，哪怕你从意识角度觉得追八卦消息有多不好，当同事发给你一条八卦消息后，你却很难抵抗这种信息的冲击。

看完以上的内容，相信你已经对坏习惯有了深刻的了解。如果你想要把人生的控制权握在自己手里，就需要戒掉坏习惯。但是为什么很多人无法彻底摆脱恶习，戒掉之后往往又卷土重来呢？了解这其中的核心原因，你才能够真正地做回你自己，我在下一节会为你详细揭开这个问题的答案。

5.2 | 为什么很多人无法摆脱恶习

生活中你有没有这种经历,想要改掉某个坏习惯,坚持了两天之后,第三天就控制不住自己,心里特别痒痒,一不小心就破戒了,破戒之后又特别后悔。很多人并不是不知道坏习惯的恶劣影响,也不是不想改,但就是无法彻底改掉,每次改正之后都会卷土重来。这背后有一个非常重要的影响因素,那就是环境,环境包括物质环境和社交环境两方面。

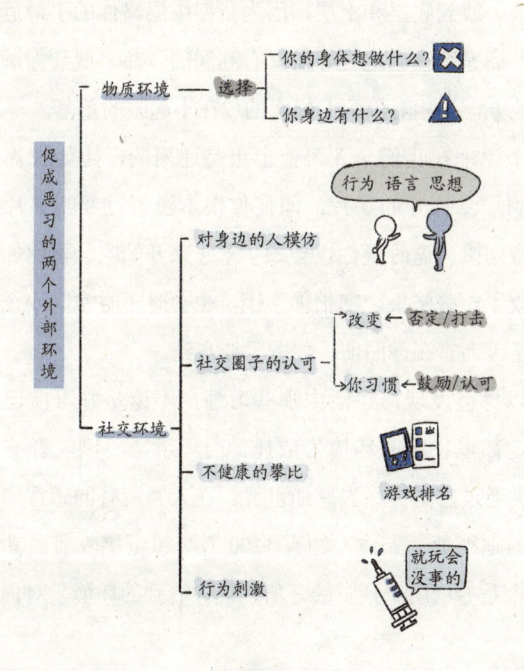

促成恶习的两个外部环境:
- 物质环境 —— 选择
  - 你的身体想做什么?
  - 你身边有什么?
- 社交环境
  - 对身边的人模仿(行为 语言 思想)
  - 社交圈子的认可
    - 改变 ← 否定/打击
    - 你习惯 ← 鼓励/认可
  - 不健康的攀比(游戏排名)
  - 行为刺激(就玩会没事的)

方面一、物质环境

生活中你所做出的很多选择，并不一定是源于你原本想要做什么，而经常源于你身边有什么。环境是塑造人类行为的无形之手，但很多时候你并没有意识到环境对你的影响。

比如说逛超市的时候，如果一进门你看到的是精心摆放的水果，就更容易挑一些水果放到你的购物车里；如果一进门你看到的是打折促销的零食，挑选的就可能是这些零食。在预算固定的情况下，不同的货品摆放顺序，会影响顾客做出不同的决定。再比如超市货架上，你习惯挑选的肯定是货架中层的商品，你的注意力会较少放到底层和上层，因为货架中层离你的手最近。正因为如此，商家往往会把更好卖又有利润的商品，放到你顺手就能拿到的地方，把相对没那么好卖的放在不起眼的角落。

这个原理在我们个人习惯上也是通用的，比如说你走进厨房，看到一盒打开的薯片，即使你根本没想过要吃薯片，也没有觉得特别饿，这时候你也会顺手拿起来开始吃。再比如你的办公桌上放了一些坚果，哪怕你不饿，也会时不时拿起一个放到嘴里，只是因为它在你面前，你顺手能拿到。

所以你会发现，生活中那些习惯，不论是好习惯还是坏习惯，肯定都以特定的环境为依托。而环境之所以能影响人，是因为人类通过感觉神经去感知世界。在人类所有的感官中，功能最强大的是视觉，人体大约有 1100 万个感觉接收器，其中大约 1000 万个是专门用于视觉的。所以说你看到的环境，对你会产生极大的影响。

如果你想摒弃某个坏习惯,就先思考一下,**这个坏习惯在你的生活中,会由哪些常见的东西带来,先把这些东西清出你生活的环境,才更容易改掉这个坏习惯。**

比如说你想减肥,在夜跑的时候,就不要选择有小吃摊的路,而是选择公园或者大马路的人行道。因为你跑着跑着很大概率会感觉饿,这时候看到路边摊,闻到那种香味,你觉得还能瘦下去吗?

再比如晚上睡觉之前,你把手机放在床边,你能忍住不刷手机吗?起床之后第一件事你是不是摸手机,先看一下手机?如果你想要戒掉对手机的依赖,早睡早起不再熬夜,那就把手机放到离床远一点儿的地方,甚至不要把手机带进卧室。

这个方法除了改掉坏习惯的时候适用,在培养好习惯的时候也适用。

比如说你想要培养自己看书的习惯,那就在家里多摆一些书,沙发旁、卧室里、餐桌上、卫生间等处都可以放一些书,让你随手就能拿到,一有时间就可以看。

再比如你想要学习一门乐器,就把乐器放在客厅的中央。你在家里随时都能看到,有空了就能拿起来练一练,千万别放到柜子里,因为你增加顺手拿到的难度,就会加大你逃避训练的心理。

总之就是你要争取成为自己的世界的设计师,在你的日常环境中,布置很多能帮你养成好习惯的物品,让它们在你眼前频繁出现,你自然会更容易做出正确选择。

方面二、社交环境

物以类聚，人以群分；近朱者赤，近墨者黑。除了物质环境，社交环境也是影响一个人养成坏习惯的重要影响因素。

为什么很多人戒烟之后，用不了几天就会复吸？为什么有的人饮酒过度搞垮身体之后，明知道喝酒伤身体，还会忍不住喝酒？再比如越南战争期间，将近15%的美国士兵海洛因成瘾，这些士兵后来回国经过戒毒治疗之后，只有10%的人复吸，而很多在家乡跟朋友一起染上毒瘾的人，却大部分终生难以戒掉，在戒毒所戒毒之后，90%以上的人回家后还会复吸，为什么会存在如此大的差距？

其实本质原因就是，一个人所处的社交环境，会极大地影响一个人的生活习惯，这种影响通常表现在四个方面。

1. 对身边人的模仿

人们往往会不自觉地模仿身边的人，从行为、语言，甚至是思想文化层面全方位模仿。你观察一下身边的孩子，就会发现父母爱说脏话的，孩子一般嘴巴都不太干净；父母知书达礼，孩子一般都很有礼貌。再比如夫妻二人，一个人喜欢吃甜食，另一个也爱吃，哪怕刚开始对甜食没有感觉，日久天长之后也会模仿另一半，爱上甜食。

2. 社交圈子的认可

某些坏习惯，在社交圈子中可能会得到认可和鼓励，比如说某些青少年群体中，会抽烟往往被视为有趣的表现；再比如中年人的饭局上，能喝酒的人会受欢迎。这种夸奖和认可，往往会强化坏习惯，让坏习惯难以根除。

当影响你的社交圈子没有改变时，即使你想要戒掉坏习惯，也总是要面对社交圈子的压力和不支持，他们会对你的行为表示质疑和不理解，对你的改变进行否定和打击，面对这种压力和阻碍，你就很容易放弃改变。

3. 不健康的攀比

有些时候在群体中可能会出现对某个坏习惯的攀比，从而形成恶性竞争，进一步强化坏习惯的影响。比如你在一款游戏里排名靠前，突然有很多人超过你，把你挤到了后面，你想要赶超，回到原先的排名，就需要在游戏里消耗更多时间，投入更多精力，甚至更多金钱，从而更加沉迷。

4. 行为刺激

很多时候你之所以戒不掉坏习惯，就是因为你的社交环境中，充斥着大量有关这个坏习惯的刺激。比如说你准备戒烟，到了公司，抽烟的同事各种引诱你，你就会心里发痒。再比如你身体不好戒酒了，参加同学聚会，刚开始说什么也不喝，老朋友用各种话刺激你，你心里不是滋味，不一会儿就加入喝酒的行列中了。

所以很多时候你的社交环境，往往会成为你改掉坏习惯的绊脚石。如果你想改掉恶习，只从自己身上下功夫远远不够，还需要改变社交环境，减少外界的信息刺激，才更容易做到与消耗绝缘，真正掌控自己的人生。关于具体如何实施，才能从内到外改掉坏习惯，与消耗绝缘，我们下一节再详细展开。

5.3 从内到外,停止人生消耗

养成坏习惯像坐电梯下楼一样简单,但想要改掉坏习惯,就像扛着一大包重物爬楼梯一样艰难。但坏习惯并非无坚不摧,运用合适的方法,你也能顺利改掉坏习惯。这一节我们就来认识一下,如何从内到外,与消耗绝缘。

增加障碍或物理隔离	重塑身份认同
增加难度 / 易习得性	理智=潜意识
对恶习保持警觉	用承诺和问责监督自己
无意识 / 保持警觉	加入志同道合群体 / 大声承诺 互相监督

方法一、增加障碍或物理隔离

坏习惯之所以容易养成，是因为它的易习得性，毫不费力就可以做，所以才容易做得多，最终上瘾。从这个角度讲，只要我们增加坏习惯的上手难度，就可以减少甚至杜绝坏习惯的养成。同时，从上一节内容里，我们了解到，很多坏习惯的养成，都来自环境的影响，那也就意味着，我们在物理环境上增加障碍或物理隔离，形成一堵防护墙，让自己远离坏习惯，便可与消耗绝缘。

比如你可以把手机放在另一个房间或一定时间内交由别人保管，从而让自己避免刷手机影响工作；你可以把冰箱里的冰淇淋或薯片换成水果，来减少垃圾食品的摄入；你可以通过不带烟出门，从而约束自己的抽烟行为；你可以在最清醒的时候，卸载社交软件或注销游戏账号，以免让自己继续分心；你也可以把家里路由器设置定时开关，晚上 10 点半自动切断网络，以免影响睡眠。

你想避免犯错，就去增加犯错的代价，因为人性本身就喜欢走捷径，当一件事做起来麻烦，人性就容易驱使人做出放弃的决定。 物理隔离是预防病毒最好的方法，同样适用于预防这些坏习惯，人为地给自己制造一些障碍，效果也是很好的。

屡试不爽的是，人只需要稍微增加一些难度，就会很大程度上降低甚至停止不必要的行为。你因此停下得多了，就会有累积效应，想象一下，如此环境条件下的你，哪儿还那么容易学坏？

方法二、重塑身份认同

很多时候你改变坏习惯没有效果，并不是因为你不够努力，而是因为你的努力只停留在表面。

很多时候我们之所以想要做出改变，是因为你想要获得一个全新的结果，比如想要变瘦、提升自己的思维认知、过更健康的生活，你所设立的目标基本上都和结果的改变有关。

为了实现这个目标，你的行为模式就要有所变化，比如定期锻炼、多看书多学习、戒烟戒酒等等，我们大多数人在改变习惯的时候，基本上都在这个层次下功夫。

而在结果和行为模式的背后，还有一个更关键的因素，那就是身份认同：你认为自己是一个什么样的人。你如果觉得自己是一个放荡不羁爱自由的人，就会追求那些普通人看起来离经叛道的事，比如飙车、泡酒吧；你如果认为自己是敢闯敢拼的创业者，就会对行业风口和资讯感兴趣，愿意学习对事业有帮助的任何知识。

大多数时候，我们想要改变习惯，只是在行为模式和结果上努力，但是核心的身份认同仍然没有变化，于是你的世界就会出现两股对抗的力量，你的理智强迫身体做出某些改变，但是潜意识里你并没有认可这些行为，依旧在对抗。所以你会发现，很多正在戒除恶习的人，总是特别纠结，想要付出行动，但又瞻前顾后，给自己找各种不努力的理由，拆自己的台。

你的意识拖着自己往前走，潜意识拉着你往后退，如果是这样，你觉得还能改掉坏习惯吗？任何与你身份认同不相符的行为，都很难坚持下去。所以你需要做的不仅仅是在行为上做出调

整,还要重塑自己的身份认同。

比如说你想减肥,目标不能只放在每天要做多少锻炼和减掉多少千克上,而是将自己定位为健美身材的标杆,让周围人都羡慕你,甚至爱慕你,你就可以告诉自己:"我就是周围人羡慕的衣架子或最美身材……"你暗示自己就是这样的人,不断重复加强潜意识,就更容易把"我运动不下去,坚持不下来,我不行"等这些想法全部清除,以一个新的身份来想象自己减肥后的模样,想象周围人投来羡慕的眼光,坚定地认为,这就是真的,只是还没到显现的时候,不过一定会显现。

你拥有这样的身份认知,再去运动的时候,就不会被心中的杂念干扰,从而更容易进入状态。然后每次锻炼的时候,有小进步你就给自己一个鼓励——果然如此,我的完美身材正在一步步显现中,告诉自己"我就是周围人羡慕的衣架子",不断强化自己的身份认同,这种信念会给你的改变带来强大的力量。

方法三、对恶习保持警觉

很多时候你无法改掉坏习惯,有一个关键原因是你并没有意识到坏习惯的危害,所以你根本不会真正地警觉。坏习惯之所以会变得很危险,是因为习惯一旦养成,你的行为就会被潜意识所控制,会毫无察觉地做出某个动作。如果没人提醒你,你很可能不会注意到自己正在做什么。

比如说你养成了上厕所刷手机的习惯,当你肚子不舒服的时候,就会很顺手拿起身边的手机,冲向厕所,但是你根本没考虑过,为什么你肚子都这样不舒服了,还有闲工夫拿手机。再比如吃完午饭抽一根烟,你也说不清楚为什么要抽烟,但就是习惯了这样做。

生活中很多行为是无意识的,如果你想要改掉恶习,要做的第一项工作就是对恶习保持警觉。

你可以把生活中经常做的事情列一个清单,然后给它们打上不同的标签。如果是好习惯,那就在后面打一个"√";如果是坏习惯,那就在后面打一个"×";如果是中性的日常生活习惯,那就打一个"〇"。如果你不清楚一个习惯对于你来说是好是坏,那就分析一下,这个习惯能否让你变成你想成为的那种人。有助于你强化身份认同的就是好习惯,与你身份认同冲突的习惯通常都有问题。

你知道有哪些坏习惯之后,以后如果想要再做这些事的时候,就大声说出来这样做的后果。比如你早上起床后不想晨练,想要睡回笼觉,可以大声告诉自己:"这次偷懒,虽然有情绪和心理上的原因,但它会让我更容易半途而废、前功尽弃,从而会让我内分泌紊乱、生物钟紊乱、更加疲惫、反应迟钝、被人嘲笑,我想这样吗?"只要你大声说出来,就相当于在大脑里敲了一下警钟,让坏习惯的后果体现得更加明显,让你意识到自己真正应该做的是什么。

方法四、用承诺和问责监督自己

人类是群居动物,我们渴望跟他人建立密切联系,得到他人的尊重、理解和认可。脱离社会群体，缺少来自他人的能量浇灌，我们将会变得特别孤独，毫无生气。从远古到现代，人类总是在群体中找到归属感，而增强这种归属感的常见方式就是模仿，我们会模仿身边人的行为举止、说话习惯、思维方式，让大家看起来像是同类。

所以想要改掉坏习惯，你就不得不考虑群体的力量。

1. 加入志同道合的群体

你可以在生活中跟自己的家人或朋友，组建一个"改掉××坏习惯"小组，大家一起努力，互相带动，毕竟你自己做一件事的积极性，和一群人共同做一件事的积极性天差地别。

当然你还可以加入一些陌生人的社群，比如说在网上加入互助社群，或者报名参加习惯培养训练营，在这种群体里，大家目标相似，互相之间可以分享经验，互相鼓励。

2. 大声承诺，互相监督

群体对于个人的影响既有正面的，也有负面的，比如群体可以带动你改变坏习惯，也有可能令你受到不好的影响，比如群体中有人放弃，你也容易放弃。为了避免这种情况的发生，你就需要制定挑战和惩罚机制。

就像之前一个同事拉了几个小伙伴，建了一个运动群，每天大家完成一定指标的运动量，就往群里发截图，一天不发或未达标就发200元的红包，若要退群，发3000元红包再走，作为发起人，他承诺每次都罚双倍，要玩就玩真的，后来大家的体能都越来越好了。

所以不论你现在有什么样的坏习惯，找到跟你目标相似的人，跟大家承诺你要完成的目标，完不成有什么惩罚，借助群体的力量督促你行动，能明显提高你改掉坏习惯的概率。

总结一下，想要与消耗绝缘，改掉恶习，我们首先就要提高坏习惯的参与难度，从物理环境上增加障碍或进行物理隔离，同时，我们还要从身份认同上下功夫，先从身份上改变，才能让行为模式的改变更轻松，除此之外，我们要对恶习保持警觉，大声提醒自己某个坏习惯的恶劣影响，提高形成坏习惯的难度，最后我们要借助群体的力量，找到有相似目标的人，制定挑战目标和惩罚机制，借助群体环境激励和监督自己。

正如快速忘掉一段感情的最好方式是开启一段新的感情，改掉一个坏习惯的最好方法，是用一个好习惯替换它。第五章我们讲了如何戒除坏习惯，第六章我们要讨论的就是如何培养微习惯，让自己养成良好的生活方式，增加能量，拥有高质量的人生。

钥匙六

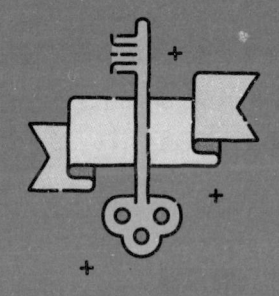

培养微习惯

▶ 想要持续保持高能量状态,离不开好习惯。而好习惯对大部分人而言,都很难直接养成,所以经常半途而废,只有从微习惯做起,才是人人皆可上手且成功率高的不二之选。

6.1 | 很多人无法养成好习惯

养成好习惯是每个人都渴望的事情,因为它有助于我们提升精力和耐力,提高工作效率,增加生活满意度,提升自信心和社交气场,让我们拥有高质量的能量场。但是在实际培养好习惯的过程中,我们很多时候会掉入一些陷阱,从而带来反作用。

陷阱一、设定过高的目标

在养成好习惯的过程中,我们常常会被高大上的目标所吸引。例如,一个人可能决定每天锻炼两个小时、完全戒除垃圾食品、每周读一本书等等。这些目标看起来似乎很激励人心,因为它们代表了一个未来更好的自己。

但是我们设定过高的目标后,最初的几天或几周可能会表现出色,但随着时间的推移,很容易感到疲惫和无力。比如,每天锻炼两个小时可能在第一周可行,但迫于生活的各种压力和繁忙的日程,坚持下去会变得越发困难。

从心理学角度分析,当你面对过高的目标时,如果努力了一段时间,感觉无法达到目标,会感到能力受到质疑。这种自我效能感的降低,很容易产生沮丧和挫败的情绪,从而减少继续努力的动力。其次,追求过高的目标会导致心里有极大的压力和焦虑感,这种焦虑感会成为养成好习惯的障碍,因为它们增加了心理负担，使人不愿意坚持。长期的焦虑还可能导致身体和心理健康出现问题，身体和心理很容易有疲劳感，从而减少继续追求好习惯的动力，使人懈怠，甚至放弃。

不论是心理层面还是身体层面，过高的目标都很容易让人陷入低能量状态，人处于低能量状态的时候，很容易产生消极、悲观情绪，放弃定好的目标，最终回到之前的不良习惯。

陷阱二、同时想要实现很多目标

养成好习惯是改善生活的关键，但有时候你可能过于渴望改变自己，试图一次性培养太多习惯，比如你可能想要同时养成健康饮食、定期锻炼、学习新技能、改善社交关系、提高工作效率等多个好习惯。这些目标都很有意义，但我们试图一次性实现这些目标时，就会面临一些心理和能量管理上的挑战，导致最终什么都干不好。

心理学研究表明，**人们的注意力是有限资源**，我们试图一次性培养多个习惯时，就需要不断地做出决策，例如设置目标、制订计划、安排时间等。过多的选择和任务，会导致注意力分散、决策疲劳，最终降低任务的质量，让人难以取得明显的进展。

同时，**每个习惯养成的过程都需要耗费精力，包括身体和心理能量。同时培养很多习惯，你的精力会被消耗得特别快，无法为每个目标提供足够的能量，导致无法养成好习惯。当你的能量被耗尽的时候，你就很容易陷入诱惑、疲劳和烦躁之中，难以坚持下去。这不仅会影响习惯的养成，还可能对身心健康产生负面影响。**

此外，追求养成过多的好习惯，也会产生焦虑和压力。如果你一直试图养成太多的好习惯，但始终感觉自己无法达到这些目标，就会增加焦虑，降低自我效能感，使你更容易放弃。

陷阱三、培养习惯前期，给予过高的期望

任何习惯的培养，前期都有一个积蓄能量的阶段。在这个阶段里，你很难看到明显的变化，这个阶段有可能是几天，有可能是几周，甚至是几个月。而且**培养这些习惯所得到的结果总是滞后的，往往要过很长一段时间，才会得到明显的改变**，就比如你通过锻炼减肥，刚开始几天体重不会有明显变化，甚至不减反增，直到过了某个节点，才会有明显的改变。

但人类自古以来所处的进化环境里，**大脑所接受最多的刺激就是即时奖励**。比如人饿了就去吃东西，找到食物之后，第一口咬下去就会有兴奋感，再比如看到野兽，立马就要躲开，成功躲避之后就会感到庆幸。远古时期人们面临的环境恶劣，要求人们对环境的变化要立马做出反应，并且行为会很快产生明确的结果。人们对能产生即时奖励的行为，也会更感兴趣。

所以在培养习惯的前期，你就很容易给予过高的期望。比如你会认为进步是线性的，付出一分的努力，就应该得到一分的回报，但实际上习惯的培养是指数型的，前中期通常会有一个不如意的低谷区，这个阶段你所做出的努力，结果的显现往往会滞后，或许在几个月或几年之后，你才会意识到，当初打好的基本功有多重要。

潜能蓄积期

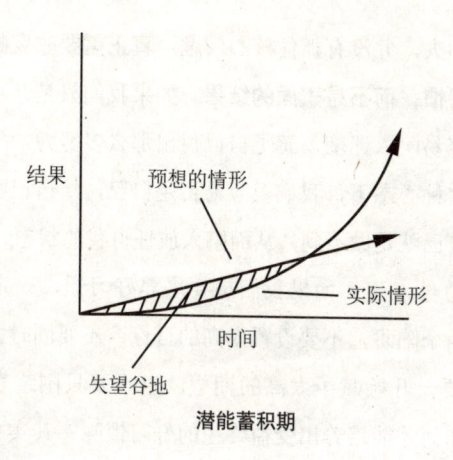

在这个阶段,如果你有过高的期望,希望看到立竿见影的效果,那很有可能大失所望,产生焦虑和压力,甚至会对自己的能力产生怀疑,降低自信心,让自己养成好习惯变得更难。

陷阱四、短暂改变之后重蹈覆辙

我们在生活中,很多时候基于种种原因,想要做出改变,但是这种改变治标不治本,只是短暂地改变了我们的生活,很快我们就会重蹈覆辙,又恢复到之前的糟糕状况。比如说卧室杂乱不堪,我们制订了一个收拾房间的计划,的确经过一番收拾之后,卧室变得干净整齐。但是我们从根本上并没有改变习惯,衣服袜子乱丢,垃圾随意丢弃,用过的东西随处摆放,用不了一个星期,卧室又会变得乱七八糟。

制订一个计划,付出努力或许只能短暂地改变,但我们只是在表面下功夫，并没有抓住核心问题，**真正需要改变的是导致出现问题的习惯，而不是表面的结果**。如果我们只是针对表面下功夫，就很容易陷入迷茫，感觉自己付出那么多努力，生活仍然一团糟。在这种心态下，我们很容易否定自己，给自己贴上负面标签，感觉自己就是做不到，从而陷入放任自我的状态。

最后总结一下，如果我们想要培养好习惯，一定要避开本节所讲的四个陷阱，不要设置太高的目标，不要同时去培养很多习惯，不要一开始赋予太高的期望，也不要只围绕表面结果下功夫。那如何才能培养出受益终生的好习惯呢？其实关键不是习惯，而是微习惯，我们下节会详细分析，什么是微习惯，它与习惯有什么不同，以及培养微习惯对我们有什么好处。

6.2 从习惯到微习惯

现实生活中,人人都想要拥有好习惯,但都不愿付出太高的代价,所以就经常因培养习惯的条件苛刻或经受不住外在诱惑,而把好的行为放在一边,从而一直未能养成好习惯。

虽然培养习惯是复杂的、有挑战的,但培养微习惯是简单的、易操作的,也是易坚持的。所以这一节我们就来讲一讲,微习惯与习惯有什么差异,以及用微习惯改变我们的底层规律。

一、微习惯与习惯有什么差异?

微习惯是一种小而可行的日常习惯,通常涉及小幅度的、容易实现的改变。与传统的习惯相比,微习惯更易上手操作。微习惯强调的是通过采用小而可持续的改变,逐步培养积极习惯,以实现长期目标。

微习惯和传统习惯主要存在三个方面的差异:

1. 规模和复杂性

微习惯是非常小的改变,通常每次只需投入极少的精力。比如每天晨起喝一杯水、每天读两页书、每天做 30 下提踵练习等。

而传统习惯通常是更大、更复杂的生活方式或行为改变,一般需要更多的时间、精力和自律来养成,甚至每天都需要花固定的大块时间来做专门训练。比如每天去健身房、戒烟、学习一门新技能等。

2. 阻力和难度

微习惯的执行阻力较低,因为它们很小,更容易开始。你通常不会有压力或挫败感,因为微习惯只需很少的努力就可以完成。

反观传统习惯,你就需要更多的自我控制能力和坚持,在完成之前就需要反复说服自己,克服内心的恐惧和压力。因为这些习惯的任务通常较大且需要更多时间,一旦内心纠结就容易拖延,一旦坚持不下来,就会找各种放弃的借口。

3. 出发点和期望值

微习惯的出发点是逐步建立积极的生活习惯,通过小的、可持续的改变来达到更大的目标。微习惯通常与长期目标有关,但它们强调每天的小步骤,所以你在完成微习惯的目标时,并不会有太高的期望值,不会想要立竿见影的效果。

传统习惯在树立目标时,通常是直接针对长期目标,往往会在心理赋予很高的期望值,但是长期的目标往往需要更多时间才能看到明显的效果,在短期内很容易出现心理落差,影响你的自信心和执行力,让习惯难以坚持下去。

总之,**微习惯是一种更小、更具体、更容易实现的习惯形成策略,强调通过小的、可持续的改变来逐步培养积极的习惯,以实现长期目标。它们的主要优势在于降低了阻力,增加了成功养成好习惯的机会,从而有助于增强自律和动力。与传统习惯相比,微习惯更容易被坚持下去,可以成为长期自我改进的有力工具。**

二、微习惯是如何发挥作用的?

微习惯对人的影响和作用是多方面的,它们通过多种心理和行为机制产生积极效果。下面我们就从三个方面分析一下,微习惯是如何发挥作用,让我们改变的。

1. 充分利用碎片化时间

我们每个人的生活中都有很多零散而短暂的时间段,通常是几分钟或几十分钟,分布在日常生活中的各个时刻和场合。比如等待朋友、排队、上班准备出门之前、乘坐公共交通工具、午休、广告间歇等等。

碎片化时间是我们日常生活中非常重要的一部分,这些时间不足以进行长时间的工作或活动,但足够完成一些小而琐碎的任务。如果善加利用,碎片化时间可以成为完成小任务、增加知识量、提高效率、减轻压力等方面的宝贵机会。比如:你上下班坐地铁的过程中,就可以完成 30 下提踵练习,如果有座,你可以完成读两页书的任务。

微习惯通常是小而简单的任务,不需要大块的连续时间,正好可以充分利用碎片化时间完成。你回想一下,过去是不是有很多碎片化时间白白浪费了,当你在培养习惯的时候,你需要制订详细的时间计划,每项训练都需要整块的时间,当你面对碎片化时间时,你会给自己找借口,"时间太短了,来不及训练了,等下次再找机会吧"。那如果你是培养微习惯呢?这个借口就不成立,你就不会逃避,能更好地利用这些碎片化时间。

2. 滴水穿石，微小的改变能汇聚起强大的势能

很多时候，我们往往会高估某些重大时刻的重要性，也会低估每天都在做的微小动作的价值。很多人以为的成功，是某个时刻突然开悟，想到了某个好点子，做对了某个选择，碰到了某个机会，但实际上真正能决定你生活质量、工作效率、个人发展的，往往是生活中每个微小的习惯。

虽然很多微小的习惯看起来并不起眼，甚至别人根本不会注意到你身上发生的改变，但是长期坚持下去，这些微小的改变会逐渐叠加，随着时间的推移，一点儿小小的改进就能产生显著的效果。就像滴水穿石，每一次水滴落下，都显得微不足道，但是汇聚起来就是一股强大的势能，连坚硬的石头都可以被击穿。

再比如一瓢水倒在锅里，你开火烧水，从20摄氏度到30摄氏度，再到50摄氏度，一摄氏度一摄氏度往上升，到100摄氏度时，水开了。水的温度并不是从一开始的20摄氏度，瞬间升到100摄氏度，生活中也没有人能够从普通的境界，瞬间提升到特别高的境界，物质世界的能量变化需要积累的过程，心灵世界的能量变化同样也需要积累。

很多时候你看到别人突破式的改变，其实是源于别人背后一系列的努力。你能够长期坚持一些微习惯，持续地发生改变，最终突破潜能蓄积期之后，人们就会惊叹你取得的成就。

3. 微习惯对你的生活体系影响更深

微习惯有两个密切相关的特点，一个是难度低，任务简单，执行起来时间短，与之相对应的另一个特点就是，重复频次高，

钥匙六 培养微习惯

1. 充分利用碎片化时间

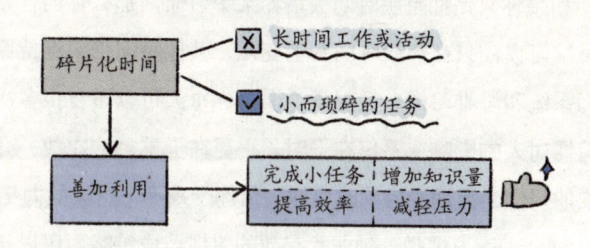

碎片化时间 → ❌ 长时间工作或活动
　　　　　　✅ 小而琐碎的任务

↓

善加利用 → 完成小任务 | 增加知识量
　　　　　　提高效率　 | 减轻压力

2. 滴水穿石，微小的改变能汇聚起强大的势能

长期坚持微习惯 → 时间推移 → 持续发生改变 → 生活质量 工作效率 个人发展

3. 微习惯对你的生活体系影响更深

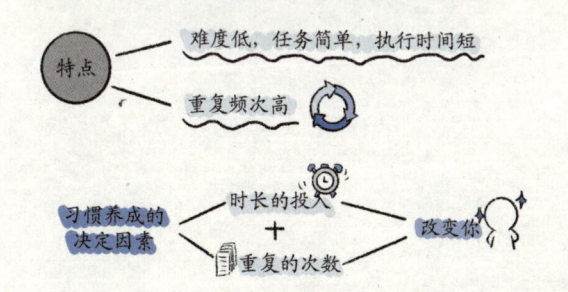

特点 —— 难度低，任务简单，执行时间短
　　 —— 重复频次高

习惯养成的决定因素　 时长的投入 ＋ 重复的次数　 改变你

相同的微习惯你每天可以重复很多次。 而每个人的行为系统都是由数不清的微小行动聚合而成的,你每天所做的每一个微小的动作,都是你这个人行为系统的一部分。

如果你只是抽整块时间去培养某个习惯,那么你的行为系统和思维习惯,只在那段时间发生变化,其他时间仍旧保持原来的行为系统和思维习惯。反观微习惯,你每天可以重复很多次。**一个习惯对人的影响,不仅在于时长,更在于重复的次数,微小而多次的习惯,反而更容易改变你,给你带来不可思议的力量。**

总之,微习惯是一种非常有效的习惯养成策略,可以帮助我们逐步塑造更健康、更积极的生活方式,促进个人成长和发展,增加我们的能量。

6.3 微习惯如何培养

既然微习惯能给我们的生活带来那么多好处,我们到底如何培养微习惯呢?如果你想要改变自己的生活状态,微习惯养成的具体执行方法很重要。这一节我就带你了解一下,如何更有效地培养微习惯。

方法一、将目标拆分

很多时候我们想要培养一个好习惯,期待做出改变时,很容易头脑发热,制订过高、过多的计划,贪多嚼不烂。想要避免这种情况,最有效的方法就是把目标拆分。实际上生活中的任何习惯,你都可以简化成一个几分钟的版本。

习惯	简化版本
睡觉之前看半个小时书	花几分钟看一页书
整理家里的衣物	把袜子叠好放到柜子里
写一篇长篇文章	写一句自己当下的感悟
学习一门新的语言	背下一个新的单词
跑 5000 米	穿上运动鞋下楼走一走

把目标拆分,这样做的目的就是让你的改变尽可能容易,上面表格右侧的简化行动,任何人都可以轻松做到,而且相较于有难度的计划,你根本意识不到这是一个挑战。很多时候只要你开始做,

接下来的事就很容易持续做下去。你可能会认为,看一页书、写一句话、背一个单词都是很小的事情,影响真的有那么大吗?

其实培养微习惯的重点不是实现了什么目标,而是让好习惯先萌芽。你只有先开始,才能不断变得更好。你不要想着一上来就做什么特别厉害的事情,先脚踏实地,把简化的目标做到位,然后再考虑做更有挑战性的事情。

如果你想要培养一个好习惯,让自己发生比较大的改变,那就先把你的目标拆分成不同的层级,从"非常轻松"到"特别困难",分别列出你的目标。

非常轻松	一般	有挑战	特别困难
写一句话	写一篇500字的文章	写一篇2000字的文章	写一本书
背一个单词	学习半个小时	学完一本书的知识点	获得语言证书
去健身房逛一逛	跑2000米	长跑5000米	参加城市马拉松比赛

一开始你只需要做非常轻松的事,借助微习惯,去影响自己的心态。你不需要刻意加大难度,当你觉得现在做的任务丝毫没有难度的时候,自然会想要挑战更有难度的事情。就比如刚开始,你每天都只看两页书,看完两页就去干其他的事,丝毫没有压力,过了一段时间,你发现每天看五页、十页也非常轻松,完全可以做到,根本不需要有任何思想斗争,那就顺其自然地多看一点儿。时间长了,你就会发现你的阅读能力有明显的提升,因为改变只要开始,就会像滚雪球一样,给你带来持续的变化。

方法二、建立习惯触发链条

巴甫洛夫实验相信大家都了解过，核心结论是关于条件反射的。生活中有很多现象其实也是条件反射，比如你的手机铃声响了，你会下意识地拿起看看是谁找你；当你不喜欢一个人的时候，你会不自觉地做出回避反应；再比如有的人到餐厅吃饭，第一反应会找醋或者辣椒，这些都是条件反射。大脑接收到某件事情、环境、时间信号时，就会下意识地做出某些反应。

所以借助条件反射，我们可以把微习惯和一些其他信息绑定到一起，形成一个习惯触发链条，嵌入到我们的生活当中，确保我们能够及时地完成目标，不会忘记或者拖延。我们通常可以建立下面五种习惯触发链条。

1. 时间：你可以将微习惯与特定的时间点相关联。比如你每天上班出门之前，收拾完东西之后有那么几分钟，就可以把这几分钟用来做点儿简单的事，比如看两页书、写一句话。再比如中午吃饭的时候，很多人在看手机刷短视频，你可以看一些纪录片，或者行业大佬的演讲视频。

2. 环境：你还可以在特定的环境训练自己的微习惯。比如我女儿上厕所的时候也喜欢看书，短短几分钟，也能看几页书，如果你也想培养这样的微习惯，那上厕所时就别带手机，在卫生间放个小书架，到这个环境你自然就想看两页书。再比如你想减肥，那就办一张健身卡，每天都去逛一逛，不强求锻炼，但一定要到那个环境，在那个环境的影响下，你自然也会动起来。

3. **行为**：你可以将微习惯跟你的其他行为叠加到一起，一个新的习惯紧跟前一个行为之后，让前面的行为成为做后面这件事的触发器。比如说洗完脸擦干之后，你要立马做两个拉伸动作，晚上吃完晚饭之后，复盘一下今天自己的表现，说一件今天让自己很有收获的事情。形成条件反射之后，你再做前面的行为时，就会很自然地做后面的动作，根本不需要刻意去做。

4. **喜好**：除了日常生活的行为，你还可以把喜好跟微习惯绑定，就是当你想要做某个你喜欢做的事之前，先去做微习惯需要做的事，把喜好作为附带的奖励，用高频的喜好去强化低频的习惯。比如你需要看 5 分钟书之后，再去查看最新的新闻时事，再比如你需要做 10 个俯卧撑，再去吃喜欢的水果。

5. **视觉**：这就是让你通过看到某物来触发微习惯。比如你平常不爱喝水，为了健康要培养自己喝水的习惯，就可以将一个水杯放在办公桌上，每次看到它就会提醒自己喝水，或者你也可以放一个提醒喝水的卡片，都能起到很好的效果。

设置习惯触发链条的目的，是将微习惯与某种刺激联系起来，以便在某种信息出现时自动启动微习惯，能够在养成习惯的过程中更加自动化和持续，因为你不需要经过额外的决策或思考，就能自动地执行微习惯。当然触发链条的选择，应该根据你的日常生活灵活建立，以确保它们易于实施，并与你的微习惯保持一致。

方法三、即时奖励 + 视觉反馈

前面我们在讲习惯为什么难以建立时，提到过人作为进化动物，特别依赖即时奖励，不喜欢延迟奖励。如果一个人想要改变自己的生活习惯，需要遵循的一项基本原则就是**重复有即时奖励的事，减少受即时惩罚的事。**

虽然说延迟满足的品性可以通过后天锻炼出来，但是难度很大，我们需要顺应人性，而不是和人性对抗。在我们训练延迟满足的时候，如果可以加一些即时奖励，就能让这个过程变得更顺利。

比如说你每次跑步之后，都奖励自己去泡个热水澡，放松一下疲惫的身躯。再比如你看完10分钟的书，奖励自己听一首好听的歌。你设置了一个对你有吸引力的奖励，再去做改变时就会更有动力。当然你设置的奖励不能跟你培养的微习惯相冲突，比如你正在减肥，奖励自己吃巧克力就不合适，那会让你所有的努力都打水漂。

除了实际上的奖励，你还可以给自己设置能看到的视觉反馈。比如你买一张比较大的白纸贴到墙上，然后买一沓红色的爱心贴纸，每次去健身，都贴一张红色的爱心贴纸到白纸上，用看得见的东西来激励自己，你能明显看到自己的进步，这种视觉反馈会强化你的行为，给你的微习惯提供即时满足感。这样的视觉反馈有很多种，比如每次看完几页书，就往一个玻璃罐里丢一枚曲别针，再比如把自己每天写的感悟放到手机备忘录里，一页里面十几条感悟，备忘录里好几十页。这些视觉反馈都能给你带来成就感，让你更容易坚持下去，如果有一天你感觉坚持不住了，看一下墙上这一片红色的爱心贴纸，会问自己一句："我都坚持了这么多天，这时候放弃是不是太可惜了？"

方法一、将目标拆分

目标拆分简化

方法二、建立习惯触发链条

条件反射 — 微习惯 — 信息

信号 ⇌ 大脑（传递/接收）

时间、环境、行为、喜好、视觉

习惯触发链条

方法三、即时奖励+视觉反馈

即时奖励　　　　　　　视觉反馈

☑ 重复有即时奖励的事

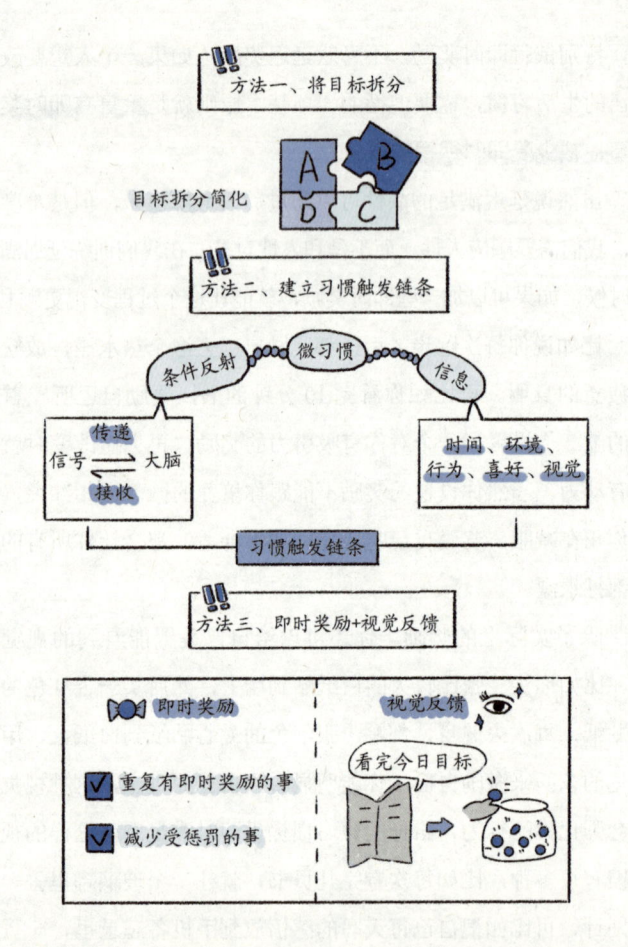

☑ 减少受惩罚的事

看完今日目标

看完这些，相信你肯定有自己想要改变的事情，想要培养的习惯。希望我给你分享的这些方法，能够带给你启发，让你从细微处发生改变，让习惯萌芽，走上和过去完全不同的人生道路，让自己的生活拥有更丰沛的能量！

钥匙七

潜意识训练

▶ 能量的本质，就是潜意识的力量。只有我们的潜意识强大，我们才会有下意识的高能状态的表现，我们的命运轨迹自然也会有所不同。

7.1 潜意识究竟如何影响我们的命运

心理学家荣格说:"潜意识正在操控着每个人的人生,而大部分的人将其称为命运!"

我们谈论"命运"时,通常想到的是未来的某种不可预知的力量。但其实,命运在很大程度上受到了我们内心深处、隐藏在意识之下的潜意识的影响。潜意识不仅支配着人的大脑,更掌握着人的命运。它就像一套隐形处理系统,在你感知到潜意识之前,所有的选择都是由潜意识做出的,这就是所谓的**"潜意识决定选择,选择决定命运"**。你的一切都是你潜意识的体现,是以前的一切造就了现在的你,你现在所经历的一切也是你在潜意识里播下的种子。

那么,潜意识到底是什么?它到底在如何影响我们的命运?我们来探讨一下。

一、潜意识到底是什么?

潜意识,也被称为下意识,即我们的非意识区域,包含了我们所有未被当下意识到的感觉、记忆、冲动和思考。它在我们的意识背后工作,不断地接受、分析、存储信息,这些信息在不知不觉中影响着我们的决策和行为。比如,我们见到某些人或某些事会条件反射般不舒服,这往往是因为某种在潜意识中的恐惧而回避，即使从意识角度，我们并没有什么符合逻辑的解释，也不完全明白为什么会这样。

二、潜意识的工作方式

模式识别：我们的眼耳鼻舌身意六维感官，都是天生的模式识别器，一触外境，立刻取相识别，跟过去储存的潜意识记忆瞬间链接。例如，小时候我们可能被狗咬了，那么成年后看到狗可能会感到害怕。即使有时我们并不清楚为何感到恐惧，但这都是潜意识中的记忆在起作用。

情感反应：潜意识虽然如冰山主体，深埋于水平面之下，却决定着触外境后的情感反应。当我们在某种情境中感到高兴或伤心时，很多时候我们并不能完全理解原因，因为这是基于潜在的记忆和经验产生的情感反应。

决策制定：研究发现，人们在决策时，首先是由潜意识中的经验和习惯来预判结果，然后再经由意识加以确认。由此可见，潜意识是意识判断的基石，意识大部分时候只能充当潜意识的傀儡，潜意识主导什么，意识就会迎合什么。例如，坏习惯上瘾的人，意识层面即使懂再多道理，潜意识发动本能欲望时，意识也只能服从，有时还假模假式地给自己找个借口，比如经常安慰自己"这是最后一次了"。

三、潜意识在如何影响我们的命运？

潜意识是在我们成长过程中形成的，包含了我们的价值观、信仰、自我概念等。这些信念系统会潜移默化地影响我们的决策和行为,从而塑造了我们的命运。潜意识到底在如何影响我们的命运,有哪些方面我们需要特别注意,总结如下:

1. **自我设限**:如果一个人内心深处有着负面的自我概念,这些信念就很可能会导致自我限制和失败。因为一个人的自我信念和自我价值感可以在潜意识中形成,它们会直接影响一个人是否愿意追求更高的目标或接受挑战。例如,一个人可能在潜意识中埋下了"我不值得成功"或"我不够聪明"等负面信念。这种信念可能会使他们回避机会,不敢冒险,从而限制了他们的发展。

许多人对自己的能力有固定的看法,这往往是受到潜意识中的自我观念的影响。例如,一个认为自己不擅长数学的人,在遇到数学问题时可能就会轻易放弃。一个年轻的专业人士可能拥有丰富的技能和经验,但由于潜意识中的自我怀疑,他可能不会申请更高级别的工作,从而错过了事业发展的机会。

2. **决策偏见**:我们一次次的决策与选择,塑造了我们的潜意识,每当我们重复某种行为,潜意识就会记住它,并使我们在未来更容易再次执行这种行为。好坏习惯都是如此,重复多了,就会形成巨大的惯性效应。经由时间的发展,我们如今每天很多的决策,是来自潜意识的偏见,而这种偏见主要表现为两种:

①**风险性规避**。潜意识中的恐惧或不安全感很容易导致决策者在面对风险时更加谨慎,因害怕失败或失去而错过一些潜在的机会。这种风险规避的倾向可能会限制成长和成功。比如:一个

想要创业的个体可能因为担心失败而选择继续在稳定的工作中干并不喜欢的事,尽管他有一个具有潜力的创意和商业计划。

②确认性偏见。潜意识中的信念和期望,会导致人们寻找和接受与这些信念相一致的信息,而忽视或拒绝与之相悖的信息。这种确认性偏见可能导致决策者做出片面的决策,而不考虑所有可用的信息。例如,在决策时,我们更容易听顺着我们喜好或我们本身期望的提议;购买商品时,我们更倾向于购买熟悉的品牌,即使它不一定是最好的选择。

3. **习惯养成:**潜意识中的信念和情感可以影响我们养成积极或消极的习惯。

如果潜意识中充满了积极的信念和情感,一个人更有可能养成积极的习惯,如每天锻炼、健康饮食和时间管理。例如:一个人潜意识中认为健康的生活方式是重要的,就更容易养成每天锻炼和健康饮食的习惯。

潜意识中的负面信念和情感更容易导致消极的习惯,例如:一个人潜意识的焦虑或自我怀疑会导致拖延的习惯,一个人潜意识的匮乏、自卑,又会导致不健康的生活方式和过度使用社交媒体。

4. **人际关系:**潜意识会深刻地影响我们与他人相处的方式和关系的质量。主要表现在两个方面:

①信任问题。潜意识中的怀疑或过去的创伤可能会导致一个人在人际关系中表现出不信任的倾向,从而难以建立亲密关系。例如:一个曾经被伤害过的个体可能因为潜意识中的恐惧而不愿

信任他人，这可能导致他在亲密关系中与人保持距离，难以建立深层次的信任和联结。

②自我满足预言。潜意识中的信念可以引发自我满足预言，即一个人期望某种结果，结果就会如其预期的那样发生。这经常会导致一个人对他人产生偏见，从而影响人际关系的发展。例如：一个人可能因为潜意识中的自卑感而预想他人会拒绝或排斥他，因此在社交场合中有回避或防御性的行为，最终可能导致他被孤立。再比如，潜意识中他可能隐藏着"我不够好"的想法，致使"配得感"不足，这就很容易在别人面前表现得过于卑微，从而导致屡屡错过机会。

总之，潜意识随时随地都在影响我们的意识、行为、决策和关系，从而决定我们的命运。只有当我们开始深入认识并重视它，才能更好地掌握自己的人生。

7.2 | 潜意识的形成

潜意识，作为我们行为和思维的主要源头，它的形成是一个复杂而精细的过程，涉及多种机制和因素。了解潜意识的形成机制和运作模式，有助于我们更好地理解自己的行为和反应，也能为我们的心理健康和自我成长提供宝贵的指导意见。

虽然"潜意识"这个概念最早来源于西方，由著名心理学家西格蒙德·弗洛伊德提出，但在我国唐朝，也有一位高僧，即《西游记》里唐僧的原型——玄奘法师，推出了在佛教思想史、文学史、哲学史上都占有重要地位的经典著作——《成唯识论》。

他提出的唯识思想告诉我们，人的思维和行为都是由心所驱动的，它所产生的行为也有其理性，而不是被外部因素所支配。这与弗洛伊德提出的"潜意识冰山理论"，有异曲同工之妙，至少都在揭秘生活的真相，我们天天只关注"海平面以上可见的部分"（能意识到的），并且还不明白为什么会是那样，其实我们看到的只是整体的一小部分，那些隐藏在"海平面以下的部分"（潜意识），才是真正的主体，也恰恰是起决定性作用的部分。

总之一句话：看不见的，在决定看得见的。这也正是《成唯识论》中的核心理念，"万法唯识""唯识所变"，一切都是"识"的变现。

基于此，为了帮助大家更好地理解自己的思想和行为，并在生活中做出更加清醒、明智的决策,我们可以根据唯识思想,简单阐述一下"八识的工作原理"。

1. **五识:眼识、耳识、鼻识、舌识和身识。**这五识与我们的五感器官(眼耳鼻舌身)相对应,并负责接收外部的感官刺激。例如,眼识对应于看,耳识对应于听。但它们只是简单地接收信息,并不做任何分析或判断。

2. **思识:这是第六识。**当五识接收到感官刺激时,思识开始工作。它对这些信息进行识别、比较、分析和判断。例如,当眼睛看到一个人时,是思识告诉我们这是一个男人还是女人,是胖还是瘦,是好看还是不好看。**这是人们产生"分别心"的源头,往往受过往经验和认知概念的影响。**比如,提到同一个人,别人都没什么反应,而你因为之前跟他有矛盾,所以立马感到不舒服,这是因为你根据过往经验产生了一个有偏见的判断。

3. **末那识:它还被称为第七识。**有了前面所讲的五识对外部刺激的接受和第六识的分析判断,就有了这第七识的如何反应和处理的环节。玄奘法师在《成唯识论》中特别强调了其作为"自我意识"的角色。**末那识是产生我执的源头,对事物有所执着,有一种把一切好的为"我"抓取的本能,对自己好的,会自动想要抓取;对自己不好的,会自动想要推开。**也正因为如此,人与人之间才会产生博弈、竞争、矛盾、伤害,从而种下恶业的种子。

当然,修行好的人,会非常重视第六识和第七识,在第六识上"不分别"(不起分别判断的心),在第七识上"不我执"(不执着为我抓取利益），自然就容易进入以人为本、利他利己的境界，反而种下了善业的种子。这就是所谓的"六七（识）因上转，五八（识）果上成"。

4. 阿赖耶识：第八识，也被称为"藏识"。经由第七识，这是我们所有思维意识、经验、情感、行为的存储库。玄奘法师将它描述为一个大海，其中所有的"水滴"（各种识）都汇聚于此。所有的业（因果报应的能量）都存储在这里，业力是推动生命延续的力量，**你的所思所说所做，都会种下业力种子到第八识，随业力种子增长扩大，都会在以后的某个时候以某种形式显现出来。**善业有善报，恶业有恶报，虽报的时间和形式会以不同的机缘显现，但人都无法避免，也绝不落空。恶业越重的人，业力习气的作用越大，他的自由意志就越小，他的反省力、改正自己的能力就越小，基本上都在造业、随业，恶性循环。因此，停止恶种子造作最为关键。

在玄奘法师的理解中，我们对世界的所有认知都是通过这些识完成的，而这些识又是互相影响的。五识将信息传递给思识进行处理，而思识的判断又与末那识（我执意识）相互影响，因为有分别，所以容易利己我执，因为有我执造作，所以更易产生分别。而所有的这些，无论是显现还是潜藏，都存储在阿赖耶识中。

总体而言，玄奘法师的《成唯识论》不仅仅是描述了这八识如何工作，也更深入地为我们揭示了它们如何互相影响、如何造成我们对事物的偏见和执着，以及如何导致我们人生在某些方面一直循环往复的底层逻辑。

在"识"这个领域，除了上述的东方佛家视角，接下来咱们看看西方心理学对潜意识形成要素的归纳，以下是一些主要的影响因素：

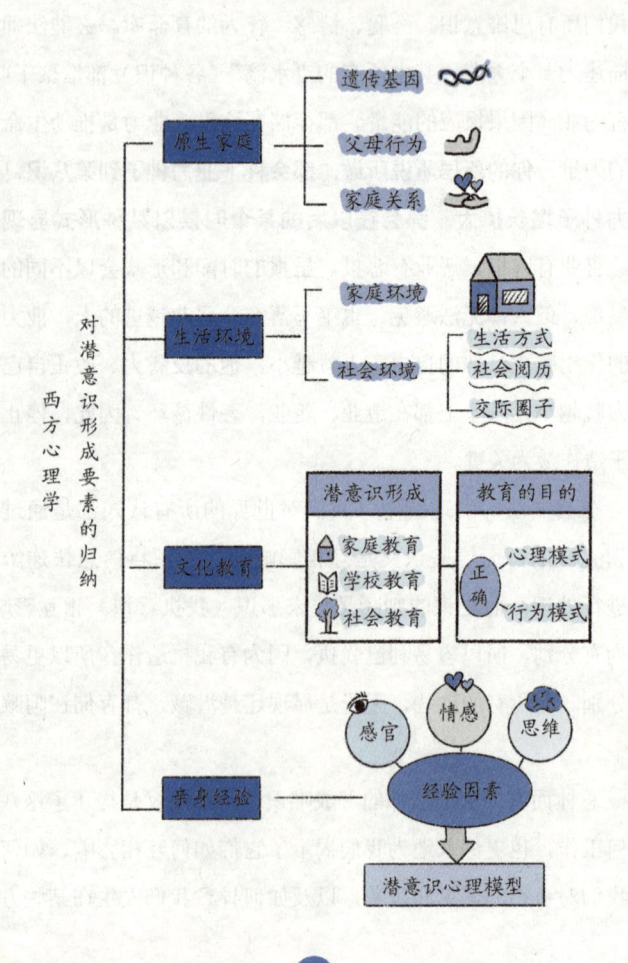

西方心理学 对潜意识形成要素的归纳

- 原生家庭
  - 遗传基因
  - 父母行为
  - 家庭关系
- 生活环境
  - 家庭环境
  - 社会环境
    - 生活方式
    - 社会阅历
    - 交际圈子
- 文化教育
  - 潜意识形成
    - 家庭教育
    - 学校教育
    - 社会教育
  - 教育的目的
    - 正确 心理模式
    - 正确 行为模式
- 亲身经验
  - 经验因素（感官、情感、思维）
  - → 潜意识心理模型

一、原生家庭

原生家庭对我们潜意识的影响，主要体现在：**遗传基因、父母行为、家庭关系等方面。**

首先，遗传基因会在一定程度上影响我们潜意识的形成。例如，有些人可能天生就比较敏感，有些人比较沉稳，这些心理特征都与遗传有关。

其次，父母行为是孩子形成潜意识的第一面镜子，特别是孩子在0～6岁，没有辨识能力和承受能力的时候，如果家长经常情绪化或行为粗暴，孩子往往会根据看到的选择有样学样或回避等两种极端处理方式。

同时，家庭关系对孩子潜意识的形成也至关重要。独生子女家庭成长起来的人和多子女家庭成长起来的人，往往潜意识信念系统会有所区别。即便是同一个家庭中的孩子，也会因其在家庭里的排行和被对待方式，而有所区别。比如：如果你有四五个兄妹，会发现，每个人思想价值观和潜意识反应都有所不同，尤其是最大和最小的，往往是截然不同的性格和行为表现。

二、生活环境

生活环境是潜意识形成的另一个重要因素。以前经常有一种育儿经，害了不少家庭，叫"女孩要富养，男孩要穷养"。有些家长为了富养女孩，别人家有的，咱家也得有；别人能享受的，咱也得享受。在父辈的攀比下，即使给孩子买了再多东西、报了再多班,到最后还是没有养起女儿那颗富足的心,反而在孩子的潜意识里种下攀比心。同样,有些家庭对男孩的教育,动不动就是严厉惩罚,可惜棍棒之下难出孝子,出的大多是逆子。很多事是我们做父辈的傲慢与偏见导致的。

除了家庭生活环境,在社会中,人们的生活方式、社会阅历、交际圈子等也会对潜意识产生影响。有句话叫:"龙交龙,凤交凤,老鼠的儿子会打洞。"如果你周围都是喜欢抱怨、说丧气话的人,如果不脱离环境,恐怕你是很难有持续战斗的心态的。

三、文化教育

一个人接受什么思想,就会有什么认知,不同的文化背景也会对潜意识产生影响。例如,中国传统文化中强调的"仁爱""中庸"等思想,人一旦真正理解并接受,就会在潜意识中形成平和、稳定的心态。

教育包括家庭教育、学校教育、社会教育等方面,是潜意识形成的重要因素之一。教育的目的就是引导人们形成正确的心理模式和行为模式。例如,当过兵的人,即使退伍,也会在较长时间内保持某些好习惯,因为部队的教育和训练,已经让每个老兵将习惯深入骨髓,形成了潜意识。

四、自身经验

经验因素对潜意识的形成影响最为直接和深刻。人们的经验包括感官经验、情感经验、思维经验等。这些经验会在人们的潜意识中形成相应的心理模式。例如，一个人曾经受过暴力伤害，可能会在潜意识中形成对暴力的恐惧或厌恶的心理。一个人有过成功的经历，可能会在潜意识中形成对成功的渴望或自信的心理模式。还有那些有创伤经历的人，他们的创伤会在潜意识中沉淀。比如早年因父亲外遇父母离异，父亲重新组建家庭后很少回来探望孩子，孩子潜意识里就会有被抛弃感，长大后恋爱时也会缺少安全感，害怕被抛弃。

当然，形成潜意识的要素，如若细分，还有很多，比如意识中的某些东西不被超我和道德所允许，被压抑进潜意识；再比如反复信息明示或暗示输入形成潜意识，尤其青少年时期是形成潜意识的高峰时期。

我们了解潜意识的形成机制和促成要素，不是为了搞研究，而是为了解锁潜意识当中蕴藏的力量。谁能先从潜意识当中获取力量，谁就能在人生发展中赢得先机。下一节，咱们接着深入聊聊如何训练潜意识。让我们成为一个潜意识力量足够强大的人！

7.3 如何训练潜意识

世界潜能大师博恩·崔西曾说过:"**潜意识的力量比意识的力量大三万倍以上。**"

为了得到你想要的成功、自信和幸福,你必须给自己的潜意识重新"编程"。该怎么做呢?你可以通过以下方法,加强训练潜意识。

创建梦想板 具像化目标

结合冥想 强化意识

重复进行做自我暗示

强化目标行为习惯

一、创建梦想板，具象化目标

梦想板，也被称为愿景板，是一种将你的目标和梦想具象化的工具。通过将你的目标视觉化，将其置于你每天都可以看到的地方，让目标词语无处不在，这样你就可以加强潜意识对这些目标的聚焦。

如何创建梦想板？

第一步：明确目标。 首先，思考并明确你一定要实现的目标。这些目标可以包括职业、健康、家庭、旅行、财务等方面，越具体越好，你最好能想象出实现的画面。

第二步：准备工具。 你可以用修图软件，也可以准备一块纸板或画布、杂志、剪刀、胶水、彩色笔等工具。

第三步：搜集图片和文字。 从杂志、网站或其他来源中剪下与目标有关的图片和鼓励的文字。这些图像和文字应该能够引起你的情感反应，让你感受到激励和动力。

第四步：创建你的梦想板。 你要将搜集的图片和文字粘贴到纸板或画布上，或直接用修图软件把愿景放在特定情境里。你可以根据优先级或类别来进行排列。

第五步：放在显眼的地方。 你要将梦想板放在每天都可以看到的地方，例如拍成照片做手机屏保、电脑屏保或直接放在卧室、办公桌或客厅等地方。

具象化目标，就是将目标具体地形象化，是制作心理形象的过程，而形象是一个模式或模型，它是未来要出现情景的一个样品。每个人刻画自己的愿景形象时，只要是真挚地渴望，愿用生命去践行，就可以大胆地发挥，除了你自己，没有人能限制你的思维格局。在设计梦想板的时候，你大可不必顾虑代价和后果，因为在出现之前，它必须首先在头脑里被完整地构思出来。

你需要注意的是：梦想板越逼真越好，最好是一看到或一想到它，就如看到实现的样子，浑身充满能量，确保不会出戏，也不会不信，所以，尽量不要用卡通形象去描绘。你把形象刻画得越清晰明朗，就越会逐步不断地将事物在脑海里的这些形象带到现实生活中，从而让你可以成为你想要成为的任何人。

二、结合冥想，强化潜意识

结合梦想板做冥想，不仅可以帮助你明确和可视化目标，还可以通过体验与目标有关的情感来增强意图。通过每日的观看和冥想与你的潜意识进行互动，从而加强你的意志力和决心，当你的心、身体和灵魂都与你的目标同步时，你更有可能实现目标。

如何结合冥想，强化潜意识？

1. **选择一个安静的地方**：找一个你不会被打扰的地方，坐下来，放松身体，深呼吸。

2. **集中注意力**：闭上眼睛，集中注意力在呼吸上，使自己完全放松。

3. **将目标可视化**：你要想象目标已经实现，感受与此相关的所有情感，无论是兴奋、满足还是幸福。这种感觉会加强你的潜意识对这个目标的追求。

4. 使用梦想板：在冥想结束时，你睁开眼睛，看着梦想板，深入地观察每一张图片和每一句话，再次体验那些与目标有关的情感。

5. 持续实践：每天你至少花几分钟时间冥想，并集中注意力在梦想板上。随着时间的推移，你的目标和愿望可能会发生变化。你要定期检查和更新梦想板，确保它始终反映真实愿望和目标。

三、重复进行自我暗示

自我暗示是一种直接对潜意识发出信息或命令的方法，目的是改变某些习惯、信念或行为。通过反复的自我暗示，我们可以强化潜意识中的某些信念和观念，从而促进行为的改变。以下是如何通过重复的自我暗示来有效加强潜意识的方法：

1. 明确目标：你需要明确想要实现的具体目标或改变的习惯。例如，你想提高自信、减轻体重或养成某个好习惯。

2. 编写简短积极的句子：你要为目标编写一句简短的、积极的暗示语，确保这句话是积极、现在时态且具体的。例如，不要说"我不再害怕公开演讲"，因为潜意识听不到"不"字，你可以说"我在公开演讲时感到自信和放松"或"我演讲时能感受到大家对我的需要和善意"。你重复暗示时，尝试在脑中将情境可视化。

3. 在能用心体验时做：在进行自我暗示之前，你要使大脑放松，可先进行深呼吸或冥想，最适合自我暗示的时间是早晨刚醒和晚上入睡前,因为这时大脑更容易接受暗示。同时,最重要的是,你要能用心体会和相信句子中的内容。

4. **反复实践并鼓励自己:** 你每天至少进行两次自我暗示,每次重复暗示语句 10～20 次。这种行为要持续数周或数月,直到你觉得这种信念或行为已经深入潜意识。你觉得自己在某个方面有所改进时,记得奖励自己。这将加强潜意识中的积极信念。

5. **避免消极思维:** 在日常生活中,你要尽量避免与暗示相反的消极思维或语言。例如,如果你的暗示是提高自信,那么避免说"我做不到"这样的话。

自我暗示是一种强大的工具,但要达到真正的效果,需要时间和持续的努力。你要确保暗示语是积极、简短且具体的,并在日常生活中避免与其相反的消极思维或行为。

四、强化目标行为习惯

强化目标行为习惯是改变潜意识中存储的信息和信仰的关键途径。当我们反复执行某一行为时,它会逐渐变成习惯,最终这种习惯会被潜意识所接受并驱使我们自动执行。以下是如何通过强化目标行为习惯来有效加强潜意识的几点建议:

1. **明确目标习惯:** 首先定义你想要培养的具体行为习惯,比如跑步、瘦身。

2. **分解为小步骤:** 将大的习惯目标分解为一系列小步骤或具体的行动,明确每天做多少,然后循序渐进。

3. **为自己设置提醒：** 你要使用手机闹钟、贴纸或日历等工具为自己设置提醒，以确保每天执行这些小步骤。

4. **创建奖励机制：** 每次执行目标行为时，你要给予自己一些奖励，这样可以增强执行该行为的积极感受。

5. **跟踪进度：** 使用习惯跟踪应用或纸质日历记录每天的执行情况，这可以让你看到自己的进步并保持动力。比如：用心率表见证自己的进步。

6. **消除阻碍：** 你要识别并消除可能妨碍执行目标行为的障碍。例如，如果你想培养每天运动的习惯，那么可以提前准备好运动服装，选择一个你喜欢的运动方式。

7. **持续 21 天：** 一个新习惯大约需要 21 天的时间才能养成。你要努力保持连续 21 天执行，帮助新行为变成新习惯。

8. **自我反馈：** 在日记中记录每天的感受和进展，这可以帮助你明确目标并加强潜意识的积极信息。

9. **找到伙伴：** 与有类似目标的人在一起，这样不会轻易放弃，鼓励彼此持续前进。

10. **调整策略：** 如果你发现某种方法不太适合你，要随时调整策略，找到最适合自己的方法并坚持下去。

通过上述方法，你可以逐渐强化目标行为习惯，使其变成潜意识中的一部分。当这种行为成为习惯后，你会发现自己不再需要刻意去思考，而是会自动执行这些行为。这是因为你的潜意识已经接受并驱使你按照新的方式行动。

总之，潜意识训练是一个长期坚持的过程，即使刚开始我们会有不适应，但一想到它是能让我们人生步入正向自动循环的必经通道，那就没什么理由不坚持了，因为没有人想一辈子做个被贪婪和恐惧来回拉扯的奴隶。

钥匙八

能量的管理

▶ 能量是操控一切的根源,总在无形地控制着我们的现状。想从根本上改变现状,就不能用战术上的勤奋,掩盖战略上的懒惰。能量是一生的修行,是人生头等大事,绝不可须臾懈怠。

8.1 | 能量是操控一切的根源

你有没有过这样的经历？一个焦头烂额的问题，让你费尽周折、各种尝试，到最后还是没有解决。比如：你觉得自己口才不好，学了各种口才书或情商课，还是无济于事；再比如：为了让孩子提高成绩，你给他报各种班、花很多钱，到最后还是成绩平平……

这到底什么原因？在了解根本原因之前，请你先停止做这些无用功。因为当你对问题本质还没有清醒认知的时候，你在表面上做再多努力，都是在浪费时间。

这就像你走进一间漆黑的屋子，要开灯，按了开关，灯却不亮。你接下来要做的就不是怎么按开关的问题，而是在门口看一下电表，看是不是没电了，或者看看电闸有没有推上去。没有电，你做其他的都没用，电虽看不见，但它实实在在地决定着灯能不能亮。

生活中也是这样，往往是无形的决定着有形的。正如我们，精神控制着肉体，意志指挥着行动，其背后都是一种如电一样的能量，在起着决定作用。你若不从电的角度用功，即使你换100种姿势按100下开关，也不可能改变现状。

然而，如此简单的问题，却经常被人忽视。太多的人，总喜欢用战术上的勤奋，掩盖战略上的懒惰，所以，一向带着头痛医头、脚痛医脚的心态，每次出了问题就开始着急，草草了事便不管不问。所以，问题仍然经常出现。

就像经常感冒的人，每次都吃药，看似管用，实际也在增加副作用。若不从身体内在机能的提升上下功夫，只借助外部药物，那药量就会越加越大，到不用猛药都无法压住的时候，身体基本上也垮了，那时候各种并发症都将慢慢出现，导致一发而不可收拾。

我们很多人看问题很简单，就像在漆黑的房间，只需轻轻按一下开关，灯就亮了，所以，我们就会形成一种思维定势，只认识到开关是灯亮的原因。而只有在按下开关灯不亮的时候，我们才会更进一步地正视开关和灯背后的那个平时看不见的电能，它才是灯亮的根源。

我们有多少人的身体也是如此，身体无数次发出信号，都无法引起人的重视，直到有一天彻底病倒，什么都干不了的时候，才开始意识到身体机能的重要性。

能量是一切问题的原因，也是解决问题的根源，不从能量根本上努力，都会迎来失去效用的一刻。

就像开头的那两个问题，口才不好的根本，不在技巧，也不在情商，而在你能不能真的把人放在心上，如果你不从以人为本上用功，即使学再多技巧和话术，都只会让你在伪装的路上越走越远，花里胡哨的功夫越多，你就会变得越假。

同理，孩子成绩不好，也不是报各种班、花很多钱就一定能解决的，首要一点，我们还是要以孩子为本，来帮他找到内驱力，让他相信自己能学好，甚至爱上学习，自己有激情，有主观能动性了，你给他安排的任何辅助才会有用。如果你不能想办法让孩子爱上学习，外加多少工具、方法或压力都是徒劳，这就是枪头不快，努折枪杆也没用。

无论是自己要突破口才，还是帮孩子提高成绩，抑或是解决生活中的其他问题，**首要目标都不是在表象的方法上多努力，而是从能量上打通，不能进入真相层面努力的人，往往都会比较累，因为他要面临"努力——努力失效——重复努力"的痛苦**。

纵向解决问题上，我们看到了能量的决定性作用，另外，从横向对比上，人与人拉开差距的背后，到底是什么在起着决定性作用呢？

现实生活中，人们无论是与人社交、公众表达，还是学习、考试、工作、创业，你会发现，无论做任何事，总有人做得好，有人做得差。即使处于同样的发展环境，人与人之间还是会有所差距，其原因不在背景，也不在勤奋程度，**最核心的原因还是能量问题**。

就像同样的老师，用同样的方法，教同样的内容，有些人就能考上清华北大，有些人连本科都没考上。难道是智力差别吗？有一点儿关系，但智力不是决定因素。你看看两种类型的学生的学习状态就能发现本质区别。前者听课时极其认真，练习时极其刻苦，做大量习题而不烦，每次考试出错就极其自觉去找原因。**这么好的状态和习惯，靠的是什么？内心能量！**

你再看看后者，听课时注意力集中不了，练习时烦躁，一有机会就想玩一会儿、歇一会儿，遇到考试出错总是回避、自我否定，无形中给自己贴上"这方面我不行"的标签，在一次又一次逻辑自洽的合理化解释中，逐渐开始认定自己资质平庸，从意气风发到听天由命，将能量降到冰点。

其实不只是在学习中，生活和工作过程中，我们有多少人在一次次地这样循环。**其本质原因就是，内心能量不足，扛不住环境和情绪给自己带来的干扰和摧残，并且越任其鱼肉，能量越被消耗，人就越走不出来。**

我们都生活在一个表象世界中，很容易被眼前的景象、声音和感觉所包围。然而，我们所能感知到的事物只是冰山一角。正如冰山的大部分隐藏在水下，真正决定我们生活的，往往是那些我们看不见、触摸不到的力量。这些无形的力量，就是能量。

所以，认识和管理自己的能量，对我们每个人来说，都至关重要。无论是身体、心灵，还是整个宇宙，都是能量的载体。学会感知、调节和增强自己的能量，不仅能使我们身心健康，还能使我们与宇宙保持和谐，从而真正拥有一个成功、幸福的人生。

8.2 | 从负能量到正能量的转念心法

现实生活中,你是否经常听到有人抱怨对自己的不满、对别人的不满、对遭遇的不满?我们自己每天都在扮演宣泄不满的主角。我们总觉得宣泄、倾诉会让情绪舒服一些,其实这都是自我编织的假象,因为这些我们所发出的负能量,会进一步削弱我们的能量,并让我们陷入恶性循环。

创新工场的创始人李开复老师,曾有一段跟癌症的抗争史,在他的《向死而生》中提到,他在查出癌症之前,刚被美国的《时代周刊》评为"影响世界百大人物"之一,刚被确诊的那段时间他内心也充满了愤懑、抱怨、抗争等不满情绪,而在一次与星云大师的对话中,他被大师点醒:"**疾病最喜欢的就是担心、悲哀、沮丧,疾病最怕的就是平和、自信,以及对它视若无睹。**"

星云大师还提到自己患糖尿病几十年了,但他无视它的存在,每天做他该做的事,活得好好的。当然,大师的意思不是让你不去看病,该看还得看,但不要太把它当成对你有害的因素,放大你的负能量,那样反而会加重你的痛苦。

任何的抱怨、不满,都是为了博取同情的自我安慰,而一个人越同情自己,往往越可悲。因为开始有不满情绪时,你已经让自己痛苦一次了,再抱怨就是又一次强化痛苦的印象,并且还加强了自己的潜意识暗示"我是弱势的,被伤害了,很痛苦,也无能为力，希望宣泄可以得到理解"。你得到理解后，心里舒服了，也就不用改变什么了，下回不舒服的时候，还会习惯这样，所以一直活在虚假的舒服里，从未真正让自己变强大，并且种下的弱势、易被伤害的种子不断增长扩大，又会吸引更多的相似的伤害，就像抱怨感情不顺的人，在其觉悟之前，无论换多少人，总是会遇到同样让其不舒服的人，本质是一样的道理，所以，从长期来看，抱怨、不满真是一件不划算的事。

你可能会反驳："我都那么不舒服了，不说出来，还能怎样？"

其实当你正确理解不舒服背后的真相，解决方法自来，并且它会让你变得更好。

那惹你不舒服的真相，到底是什么呢？是你在公众场合没发挥好的事实，是你满心对孩子好，却得不到理解，还是你有个重要会议却一直被堵在路上的遭遇？本质上这些都不是！

让你不舒服的不是这些事实、人物、遭遇，而是你对这些发生升起的念。事实、人物、遭遇本身没有任何属性，否则所有人对它们的反应都应该一模一样，真正决定反应的是我们的心念。当你升起一个它们是"让你不舒服"的念时，你的反应就会很痛苦、不舒服。

很奇妙的是，当你升起一个它们是"为了让你更舒服"的念时，你的反应就会很感恩，不会再沉浸在不舒服里，并且会因此变得更积极、更主动、更加强大。

你仔细想想，无论遇到什么事实、人物、遭遇，你都认为它是"为了让你更舒服"而来的，会怎么思考？以上面的三种情况为例，你一定会这样想：

我在公众场合没发挥好，这一定是在提醒我下回怎么做才会更好，从而让我可以驾驭更多的场合，除此之外，没有别的意义，更没有所谓别人怎么看我，那些都是虚幻杂念，本不存在，又何需关注？

我满心满意对孩子好，却得不到他的理解，这一定是在提醒我：我可以用更被他需要的方式来爱他，这是让我学会更好地爱一个人的机会，除此之外，没有别的意义。没有人会拒绝真正需要的爱，孩子本没有问题，我可以调整得更好。

我有个重要会议却一直被堵在路上，这一定是在提醒我：是该学会灵活处理问题的时候了，并且这还提醒我以后如何避免此类事情的发生，除此之外，没有别的意义。当你这样思考时，你会发现，这实在是一笔难能可贵的财富。

你看到了吗？念不同，能量就不同，它仍然是原本无性的它，但你已经不是原来的你。

所以，**以后无论出现任何不舒服，都要马上觉醒，认识到一个"是它使我不舒服"的念头正在进一步地伤害你，不想被它牵着鼻子走，就要马上转念，重新认识"它是为了让我更舒服的提醒"，心念一转，你立刻就会如上述三种情况一样，收获能量，让自己变得更好。**

不怕念起，就怕觉迟。作为人，孰能无念？任何的念来了都不可怕，但当你内心有了不平和时，就要马上觉醒，马上调整，让正念为你服务，而不是去做邪念的奴隶。

8.3 | 会爱的人，从不缺能量

上一节我们讲到，遇到任何引起不舒服的事情，只需转念，即可将能量转负为正，为我所用。人在每时每刻都有选择怎么看的权利，一念之间，决定着你的生命状态到底是上升还是下坠。那既然转念如此简单迅猛，**为什么有些人却做不到呢？导致人选择抱怨的本质原因是什么？**

两个字：缺爱。一个"爱能"很低的人，容易用对立思维看世界，觉得什么问题都是针对他，遇到问题就产生受害者思维，陷入痛苦模式，所以很难建立正见，也很难生发正能量来解决。

爱虽然不是直接解决问题的技巧，却是解决好一切问题的根本，它总能给予我们一种特殊的能量，让我们自身拥有解决问题的能力。在生活中不论遇到什么样的问题，只要我们心中有爱，最终爱都会将这些问题一一化解，**爱是推动问题解决的赋能根源**，由内而外，取之不尽，用之不竭。

人遇到问题会抱怨，其本质都是"缺爱、求爱"的表现，对外求认同、求理解、求安慰、求爱和关怀，求心理上的舒服。实质上，真正的爱，根本求不来，能求来的至多是聊以自慰的情绪按摩，一时舒服而已，但暂时回避换不来彻底治愈，痛还在那里，每想起来一次，就难受一次。

有些人天真地觉得，通过抱怨不满而从外博取的关照，就是爱。这样的想法荒谬至极，真正的爱，从不来自外在，无论外在有多少人向你表示理解、同情、鼓励，那最多只是暂时的关照，不稳定，易失去。再会哄孩子的家长，也哄不出坚强的孩子，除非他自己要坚强；再多的甜言蜜语，也哄不出不缺安全感的媳妇，除非她内心自足。所以，**真正的爱，必须是自己生发、乐意付出的爱，纯粹是自己的事，与他人无关。**

就像你如果真爱一个人，就不该被其伤害，能被其伤害的，就不是真爱，因为真爱是我就想单纯地为对方好，是我单方面的事，至于对方对我怎么样，我没有乞求。没有乞求，就没有伤害。

其实人类繁衍后代，就是让人学会爱的最好方式。 很多父母为了孩子，可以不顾一切，哪怕牺牲自己，这本身就是一种真爱的体现。而生活中也有父母是养儿防老，也有父母总喜欢把个人意志强加到孩子身上，让孩子替自己完成夙愿，这样的父母很难得到孩子充分的尊敬，原因很简单，爱不够纯粹，有私心作祟。

每个生命都是独立的，孩子未来对你怎么样或发展怎么样，全在于你在他身上播下了什么种子。 你向他播下养儿防老的种子，他将来对你尽孝时也会有自私的体现；你向他播下按你意志而学的种子，他早晚会将为你而学的结果和不满一股脑地还给你。就算你口口声声说是为了孩子好，也改变不了你在孩子心中的印象，反而会让孩子更加憎恶你，因为你在以爱之名，行私欲之实。我们很多父母，不是先放下身段进入孩子的世界与他共舞，而是站在自己的世界要求孩子与己同频，定标准、提要求、上奖惩，无非都是为了满足自己私欲上的期待。

人一旦私心升起，就会进入互相伤害的模式。 比如：孩子这次考试成绩差点儿，你劈头盖脸就是一顿骂，说到底，就是没满足你预期嘛，可他考成这样一定有原因，你从不关注，却只看结果，那孩子能不受伤吗？他因你而受伤，你认为他会让你好过？当然不会，即使下回不用成绩，他也会用其他方式来"回敬你"。你不要认为孩子小拿你没办法，除非你能一次性把对方毛病给消灭干净并能让对方理解你的爱，否则孩子会用各种方式来向你讨债。

所以，你不要在不满意、不舒服、不耐烦的时候，就直接拿最亲近的人撒气，那只会起反作用。**真正的爱，可以让人更负责任，更快成长。** 只有你与他的每个样子都能相处，才能进入他的世界与他共舞，把他带到更高处。人不可能不成长，既然是规律，也就意味着，他出现的每个样子都是为了更好的成长进行铺垫，我们只需带着这种认知和敏感度，陪对方共赴更好的前方就行，不必被一时半刻的私欲假象所迷惑。

孩子就像你种的菜苗，需要的只是成长的方向和养料，所以，父母做好榜样就是给方向，好好爱他就是给养料，剩下的成长他自己可以搞定，你只需定时浇水、施肥，为其成长做些助力即可。要**让孩子自己做主人，父母不能越俎代庖**，也**不要总对他抱有太高的期待**，因为你不是他，也无法替代他成长，当父母的，**能无条件地爱孩子，再加上尽力做好支持，就是成就孩子最好的助力。** 当对方因你成长为更好的样子时，你根本不用担心他的反哺，除非在这个过程中你种下了不好的种子，比如：你对他不信任、担忧、怀疑等等。

其实，亲子关系如此，两性关系更是如此。

很多人会被情所困，总是在情感交往上受伤，究其原因，也是"缺爱求爱不会爱"。

这一般都与我们的原生家庭有着千丝万缕的关系，很多父母在孩子成长的过程中，给孩子播下了缺乏安全感的种子，比如：父母关系不和、相互责备打压、出轨、离婚、不关注孩子情绪、很少陪伴孩子、经常责骂孩子等等，都会给孩子造成不同程度的情感伤害。

在孩子逐步长大的过程中，这种曾经看到或感受到伤害的种子，就会在其潜意识里增长扩大，以至于即使到了谈婚论嫁的年龄，每次在与异性交往时都会有压力，其实那是原生家庭留下的阴影种子造作而已，也正因此，有些人在一次次不幸的情感关系中重复上演着受童年影响的悲剧，有些人却走向另一个极端，不愿与异性交往，甚至还有躲婚、避婚或不婚的倾向。

没有人能脱离原生家庭的影响，那是早已被种进潜意识的种子。所以，**幸运的人，一生都被童年治愈；不幸的人，一生都在治愈童年。**

不过，即使你童年遭遇不幸，成年情路坎坷，也不必因此而陷进去，就像有些人因一次感情不顺，就开始不相信爱情了，其实大可不必。因为所有的不满、不顺、不幸，都源自背后没有种下一颗爱的种子去体验。有人可能会反驳："我那么爱他，为他付出那么多,他却一点儿也不领情、不感恩,难道这还是我的原因啦?"

没错,如果你对爱的理解,是你付出了,对方就要领情,就要感恩,那你的爱会很累,那不是真正的爱。**真正爱一个人,是愿意为这个人做你爱做且对他好的事**。"愿意为这个人做你爱做",就是指这是你发自内心、乐享其中、不求回报的行为。"对他好的事",就是有利于他成为更好的人的事。

所以,**真正会爱的人为什么不会受伤?因为爱为对方做我所爱且对人有用的事,本身核心在我,而不在人。当你真正发自真心地去爱的时候,滋养的是你自己那颗心,它只会喜悦,不会受伤。**

你可能会反驳:"那我遇到人品差的人,怎么办?"

其实无论遇到任何人,你爱他,自然乐意付出;你发现他人品很差,或你不爱他了,自然不乐意付出了,那就不付出好了。一切都是你乐意,不应有你过去付出那么多而现在觉得不值的想法。你为什么不能这样想?因为你曾经付出的时候,也是你爱对方的时候,是你乐意付出的时候,你当时的付出,已经给你带来了快乐,那就不要再拿到现在当筹码了。

> 之前我就认识一个女孩,内心非常强大且富足,虽然长相一般,但很有魅力。她结交的第一任男朋友,是个技术高手,女孩很喜欢他。但她不会像其他女孩那样黏人,很独立,不需要男人提供那么多情绪价值,何况她男朋友

是技术人员，本身也不擅长哄人。每周末她会去一次男朋友那里，为他收拾房间，做好吃的。后来他们住在了一起，女孩依旧过着上班、为男朋友做好吃的、偶尔为他准备惊喜的生活。后来，她男朋友被调到另一座城市做一个项目，在那边没把住底线，出轨了一个女同事。后来那个女同事找到女孩，逼她退位，这女孩面对那个女同事，并无愤怒，只是平静地把人打发走了。等后来男朋友回来，她依然做了一桌好菜，像什么事都没发生一样，过着跟平常一样的周末。愉快的晚餐后，她跟男朋友说："咱们聊聊吧。"然后她就把所得知的事说了，这个男的从狡辩，到道歉，到跪求，再到发誓，无论情绪有多大波澜，显得有多懊悔，女孩一直平静地看着他，最后只问了他一句："以后还过不过？"当时男人求之不得，各种发誓、承诺，简直卑微到尘埃里。女孩最终还是选择暂时原谅他，当后来很多人问这个女孩怎能如此轻易地就原谅他时，她说："他的错误，没必要罚到我的心上。"虽然后来他们还是没有走到一起，但女孩却成了那男人一生忘不了的人。

一切都是选择而已，选择爱一个人，跟选择离开一个人，从本质上讲，都并没什么差别。**人在感情上最怕的就是，爱不起和放不下。**

就像有的人在缘分出现的时候，明明心里喜欢，但就是不敢张口，只能暗恋，最后喜欢的人实在等不及了，被一个远不如自己的人追到手，这时心有不甘，但没有办法，只能默默地祝福自己喜欢的人跟别人一生幸福，这就是典型的"爱不起"。

还有一种人，在两性情感里特别敏感，见不得对方跟任何异性近距离交往，总想把对方当成宠物一样绑在自己身边，双方吵架时，这种人还很容易说狠话："你以后再也找不到像我对你这么好的人了！"要是对方真离开了，自己就会陷入痛苦之中，用各种方式自残，总是触景生悲，一直走不出来。这就是典型的"放不下"。

"爱不起"和"放不下"的人，无法持续体会爱的快乐，因为这两种问题的背后，都是源于向外求，内在配得感太低，外在变化无常，能不痛苦才怪。

真正懂爱的人，就应该像上面那个相貌一般但很有魅力的女孩子一样，**爱就大胆爱，谈就认真谈，分就彻底分，不藕断丝连，不懊悔，也不焦虑，当下决定，当下享用，因为自己能开心地活着，才是决定感情幸福的最大权重，其他的都是浮云。**

怎么开心地活着？愿爱，就自然开心，因为爱本身就主导喜悦。我们去爱有感觉的人，去爱有感觉的万事万物，都能让你充满喜悦。我们要区分的是，爱不是欲，欲是让你利己抓取、让你患得患失、让你头脑冲动的源头。真正的爱，不是占有，而是成就，不是索取，而是滋养，在滋养对方、成就对方的过程中，感受喜悦，同时又反向滋养、成就了自己。你能用爱让你最近的人事物变得更好，自然就会吸引更多的好缘分不期而至，这就是"近悦远来"。

很多人可能会说:"对有些人事物,我根本就爱不起来!他那样对我,你让我怎么爱他?"

其实爱与其他无关,都是自己的选择,痛苦也是,除了身体的疼痛,所有我们感觉上的痛苦,也都是自己的选择。如果我们有幸能投入到自己本身热爱的人事物中,当然好,但如果自己本身不爱又不得不面对,那与其痛苦、内耗,为什么不用爱来化解,让自己从中解脱?

正如央视主持人董卿曾说的那样:"我从不后悔对任何一个人好,哪怕是看错人,哪怕是被辜负,哪怕是撞南墙,因为我对你好,不代表你有多好,只是因为我很好。"

爱绝对是全天下最简单、最实用、对自己最好的开心之道,无须外求,本自具足。

所以,无论任何时候,遇到任何人、任何问题,你都可以把其当作让你开心的机会,随时调用爱的能量,因为:"我爱你,与你无关,只是因为我开心!"去爱你想爱的每一个人和每一个当下吧,无穷的快乐正在等你享用!

8.4 | 如何在事上做好能量管理

不知你有没有发现一种现象,很多人学了不少知识,实际应用时却搞得一塌糊涂。这到底是为什么?为什么很多人会说"一学就会,一用就废"?我们先来看一段王阳明和弟子的对话。

> 王阳明的弟子陆澄问王阳明:"静守时感觉不错,但遇到事情就感觉不同。为何会如此?"
> 王阳明回答说:"这是因为你只知道在静守中存养,却不在克制私欲上努力下功夫。这样一来,遇到事情就会动摇。"下面这段话,王阳明揭示了根本:"**人必须在事情上磨炼自己,这样才能站得稳,达到'无论静守还是做事,都能够保持内心的安定'的境界。**"

王阳明主张:**做事是最靠谱的修炼,入世做事才是人生最好的修行法门。**正如他在《传习录》中的观点:"人须在事上磨炼,做功夫,乃有益。若只好静,遇事便乱,终无长进。"

这就是王阳明"事上练"的最精准表述。在王阳明看来,**人必须要在事情中锻炼,才能让自己的内心变得强大。有强大的内心能量,才能支撑人时时刻刻致良知,遇到事情的时候,才能从容不迫地应对。**

就像阳明先生一生百战百胜，所到之处，摧枯拉朽，用兵如神，前线打仗告捷，他仍然在气定神闲地给弟子们讲学。弟子问他："用兵有术否？"先生曰："用兵何术？但学问纯笃，养得此心不动，乃术尔。"

由此可见，我们每一个人想要在任何时候都能拥有高能稳定的状态，就必须要练就强大的心力。而心力和体力一样，都是可以通过锻炼而获得的。只要用对方法，坚守事上练，就一定可以让内心能量越来越强大，从而在未来面对任何人、任何事都可以有扭转乾坤的能力。

接下来我们就介绍四个锻炼心力、能量管理的心法。

第一条、一次专精一件事

现实生活中，有不少人**很忙却没有忙出什么结果，主要就是心太散**。他吃着碗里的，看着锅里的，懊悔过去，在意外界，担忧未来，总之，就是**不能制心一处。一直在事外较劲，不能在事里推进，这样的"努力"，花再多时间，也于事无补，而且只能起反作用。**

王阳明说，**男人欲成大器，能力不是最关键的，必须做好"精一"这两个字**！那他所指的"精一"是指什么？

王阳明提到的"精一"之功，就是要**把心放在一处，专注当下符合志向和大道的小目标，极致精纯、心道合一地用功！其他都是妄念、都是假的，只有把全身心交给当下事，才是真实修。身心放在其他地方越多，人就会越废。**

正如他特别推崇的一句话:"人心惟危,道心惟微;惟精惟一,允执厥中。"其含义是:人心变幻莫测,道心中正入微;惟精惟一是道心的心法,我们要真诚地保持惟精惟一之道,不改变、不变换自己的理想和目标,最后使人心与道心和合,执中而行。他所强调的就是,**随时把控好自己的内心,依道而行,不可随着蠢蠢欲动的妄念到处乱跑**。

为什么有些人妄念多?习惯使然,关注幻象,纵容妄念,时间长了,自然越来越收不住。王阳明说:"今人于吃饭时,虽然一事在前,其心常役役不宁,只缘此心忙惯了,所以收摄不住。"意思是有些人连吃饭的时候都在考虑问题,这样的心经常忙乱、难以安定,收摄不住,经常起妄念。所以有些人一生碌碌而为,累个半死,却一事无成。

如何摒除妄念呢?那就是养成"一次专精一件事"的习惯。哪怕是一件很小很平常的事,你都要专一用心地去体验它、感受它,比如:吃饭就是吃饭,跑步就是跑步,听歌就是听歌,都用心享受,不要做着这个,还想着那个,做一件事,其他的事连想都不用想。曾国藩曾经说过:"凡人做一事,便须全副精神关注在此一事。首尾不懈,不可见异思迁,做这样,想那样,坐这山,望那山;人而无恒,终身一无所成。"

国学大师南怀瑾先生也曾说过:**"保持惟精惟一之道,方可大成!"** 我们应随时随地在事上践行大道,虔诚地进入当下事去解决问题,才是我们走向人生圆满的必经之路。

很多人觉得自己做不到"一次专精一件事",其根本原因是

认知不足和负能量太重,所以,以后当负能量拉扯你的时候,你好好想想下面这段话,应该就能帮你收心:

过去无法改变,未来无法预料,此刻最好的活法,就是一心进入当下事。

外界与我无关,幻想与我无关,此刻最好的活法,就是一心进入当下事。

既然"过去""未来""外界""幻想"皆是梦幻泡影,你又何必纠缠呢?你只需离开梦幻、进入真实即可。

第二条、多扛事,难上磨

我们小的时候,父母把我们送进学校,希望把我们培养成优秀的人才,尤其是读大学,我们太多父母总期望着让孩子读个好大学就万事大吉了。而我们有多少安安分分读书的伙伴,是在毕业的时候才发现,一切刚刚开始,什么东西都要重新学,各种挫折、打击、批评、责备、欺骗,甚至侮辱,都像第一次经历一样,难以忍受,也不会化不利为有利。

我们很多人,上了十几年的学,都没学会怎么自主做决策,怎么为人处世,怎么面对失败,怎么明确方向。这跟咱们父母那一代的教育理念有非常大的关系,所以我们这一代父母不要再走老路了,虽然我们比父辈拥有了更好的经济条件,但该让孩子独立完成的、该让他经历的,我们不要过多参与。

人要想成熟,想在社会上站稳,必然要经历磨难。 磨难是人类成长、接近真理的必经之路。就像我们初中课本中孟子所说的:"天将降大任于是人也,必先苦其心志,劳其筋骨,饿其体肤,空乏其身,行拂乱其所为,所以动心忍性,曾益其所不能。"以前我们只是把这些当成大道理,而现在但凡在社会上打拼多年的,都会发现,那些出身普通却混得比较好的同学,哪个不是经历过多次波澜而不放弃?

> 回顾我过去这三十几年,记忆深刻的就那几个画面。小学五年级因伯父跟人打架,父亲被牵连,我受过恐吓、转过学校、得过抑郁症、想过自杀,无数次在同学或乡邻面前自卑得透不过气。后来父亲多年郁郁不振,又得了癌症,母亲打三份工才能为我父亲治病和供我们上学。虽然当年不懂这么多,但在那种背景之下,如果我再不好强,不靠自己挣钱吃饭,感觉自己根本不算个男子汉,逼自己一把,后来也就起来了。我最忙的时候,周末一天干四份兼职,上午一份,下午两份,晚上一份,三餐都是在公交车上吃的。也正是当时一头扎到各种事里的状态,让我成了班上第一个能帮家里还债,还能供养三个大学生的人,也让我有了第一次的蜕变,所以,我经常情不自禁会提起这段往事。**人生的很多第一次,是后来生活中的一次次激励。**比如:当年第一次上门推销,第一次跟人合伙开店,第一次带团旅游,第一次跟导师创业,第一次闯外地市场,第一次上北大案例大讲堂,第一次失败……

现在想想，前面的磨难，如果算我父亲留下的，后面的磨难，就都是我自找的。但不管怎样，我都感激这一次次的磨难，也感谢自己每一次都没有回避。**正因为每一次直面、硬扛，我变成了更好的自己。你也要相信，宇宙不会给你安排承受不了的事。**

我经常跟很多学员强调，你不一定要创业，但一定要像创业者一样活着，否则你永远不自由，因为你不能像创业者一样直面问题。美国作家埃尔德里奇·克里佛曾经说过一句著名的话："**你不解决问题，就会成为问题。"我们的一生就是不断面对问题、解决问题的过程。**如果你把自己当创业者，**必须在做决策、担责任、有输赢的事上不断磨炼自己**，你的人生和事业才能有最大的收获。

在做决策上，你要永远去选难而正确的那个、选有机会让人生发生质变的那个。你一定要相信，在你的人生长河里，对你真正有帮助的人和事不多，凭本能嗅到了、认准了，就要有魄力，无论遇到什么困难，也要去**选择他、接近他、成就他、超越他**。这是我十几年创业生涯中自己和很多身边成事的朋友都验证过的铁律。

如果你真把自己当成创业者，那你就要知道，人生无论经历什么，**在责任上**，你都是推脱不掉的。出任何问题，**你只有直面问题、扛下责任，你的心力才会得到磨炼**，也才会有人愿意帮你分担。我现在想想，如果没有之前两次的创业失败，我应该不会这么快达到今天这种心境。我们经常讲**"难上磨"**，就是因为心力和困难一直是相伴而生的。**困难越大，你勇于直面应对，心力就会变得越强大；心力越强大，以后再遇到困难越容易应对**。所以，以后你遇到困难，先不要抱怨、痛苦或想放弃，要学着像真正的创业者一样，将任何已发生的都视为有价值的，去寻找它的积极意义。只要你人还在，一切就还有机会，所以，积极地面对，该承担承担，该做什么就去做，一步步扛过来后，你会发现它又让你变得更好了。

好了，虽然我们说**"多扛事，难上磨"**能将一个人的心力磨炼得更强大，但从能量管理的角度看，要想得到更多的助力，还是要多积累成就的。所以，接下来我们说说第三点。

第三条、多成事立功

只有多成事立功，才能内增信心，外聚信任。"多扛事，难上磨"是为了更好地成事，但如果一直不成事、长时间不成事，难免会影响潜意识自信和外围信任的建设。所以，我们还是要把精力放在如何成事上，多做成功事实的积累，重塑成事型信念系统。

在成事方面，稻盛和夫总结过一个人生方程式，就是：**人生结果＝思维方式 × 热情 × 能力**。

在构成人生方程式的三要素中，**"能力"有大小，"热情"有高低**，可以从 0 分到 100 分。但**"思维方式"**这个要素有点儿特殊，它**分正负**，实际上可以从负 100 分到正 100 分。**思维方式一错，热情越大、能力越强，死得越快。**

思维方式也可以理解为人的认知力，即一个人认为什么是对的、什么是错的、事情的真相是什么、该怎么办才是对的。为什么说它分正负？举个例子，就拿学习这件事来说，有些人的思维方式是，他认为"教会徒弟一定饿死师父，别人肯定不会分享自己真正的经验"，所以这种人很少学习，也很难成长；但有人就愿意相信"只有老师真教才能做大做久"，所以最终选择了学习，就像目前的你，如果你能将本书里的内容看懂并不断尝试用于实践，你的人生成就和前者将大不相同，这就是思维方式差异带来的结果。

为了更多地成事立功，从而练就成事型人格、提升心力，我再给你提四条建议：

1. **不赌，做胜算大的事。** 你不要动不动就赌一把，还美其名曰放手一搏，这种事就算成功了，也不能算在赌的头上。因为**有赌就有输，它是个概率的问题，没有规律**。并且大赌伤元气，这跟打仗一样，"大炮一响，黄金万两"，打的都是钱。所以，《孙子兵法》的首篇就是"计篇"，这个"计"不是"计谋""阴谋诡计"的计，而是"计算"的计，就是提前要计算一下战争胜负的可能，没有胜算，就不要兴师动众。通过计算，能胜再打，这就是孙子兵法的核心思想：**先胜后战**。

2. **不傲慢，按规律行事。** 自从我二次创业失败以后，我给自己请了四个字一直带在身边，这四个字就是：**敬天爱人**。敬天，就是提醒自己永远顺势而为；爱人，就是提醒自己永远以人为本。人很容易一取点儿成绩就傲慢，失去敬畏之心，滋生侥幸心理，不按规律办事。正如弘一法师李叔同所言："**人生最不幸处，是偶一失言，而祸不及；偶一失谋，而事幸成；偶一恣行，而获小利。后乃视为故常，而恬不为意。则莫大之患，由此生矣。**"人生很多的祸患，来自傲慢，人只有按规律实事求是地做事，才能人道合一，远离祸患，将目标顺利实现。

3. **大处着眼，小处着手**。很多人的痛苦来自：**求得多、做得少、要得急**。我曾遇到过一些跟我学短视频的学员，学了课程后很自信，立志一定要在一年内达到百万粉丝目标。过了两个月，我看他的短视频也没发几个，并且在输出价值上没有做任何优化迭代。后来他很痛苦，找我咨询，说目标已经喊出去了，现在心乱如麻，不知如何是好。我问他："每天在坚持用课上的内容做竞品分析吗？"他说："没有。""每天有按我的方法去重构作品吗？"他说："没有。""每天有按我的方法提升表现力和内容质量吗？"他说："没有。"那我基本可以猜到对方的时间都在干吗了，他80%的时间估计在多愁善感："我百万粉丝目标都喊出去了，年底实现不了可怎么办啊？""我发了几个视频也没火，我是不是不行啊？""我怎么跟信任我的人交代啊？"等等。

人有任何的愿景、目标本没有错，错在人欲过盛而执行不足。想摆脱多愁善感、焦虑，就去把人欲目标分解执行。因为任何事，都有规律，都可拆解，当拆解成每天每步可执行的动作时，就不要再想目标远不远、执行难不难的问题了，将每一步做到位就完事了，其他什么也别想，**从小处着手，做好即得到**，不去想得，直接去做，并且好好做，不断优化迭代，那"得"慢慢就自然显现出来了。

4. 测试思维，不断迭代。干什么事，都不要想着一蹴而就，一遍就成。**你要为犯错留出空间，允许犯错，才能以最小的代价磨出最好的方案。**否则，做什么事都是一激动就拍脑门做决定，拍胸脯做保证，最后就很容易拍大腿后悔，拍屁股走人。所以，无论你现在处于什么位置，都**不要做"四拍"型角色**，否则很容易失去周围人的信任。一家公司在向市场推出一款新品之前，若没有做过最小可行性产品测试，新业务失败的可能性就会大大增加。所以，无论干什么事，咱先小范围测一测，跑出一个数据稳定的模型，咱就敢放大了，对不对？这才是更稳健的成事逻辑，只要成事立功了，咱的势能自然就上去了。所以，前期哪怕慢点、遭点儿误解都无所谓，咱只要有更大的成功，就能堵住所有小人的嘴！

好了，除了"一次专精一件事，多扛事、难上磨，多成事立功"，最后再给大家提一条日常能量管理最重要的，那就是：**用专注力强化潜意识。**

第四条、用专注力强化潜意识

一个人的注意力在哪里，结果就在哪里！就像同样是每天刷手机，有些人天天花钱，有些人天天赚钱。为什么？专注点不一样。前者刷手机是为了消遣，后者刷手机是为了经营，结果当然不一样了。

注意力对每个人而言，都是有限的稀缺资源，你关注没价值

的信息多一点儿，关注有价值的就会少一点儿，并且随着你关注时间的投入，又会反噬你的潜意识，而潜意识又操控着我们的大部分行为。结果是：**你专注在哪方面，它反向投射到潜意识的感觉就会变强大，从而更容易左右你的情绪和行为。**比如，当你总是关注别人评价时，潜意识的乞求感就会变强大，所以你不知道为什么就会变得自卑、紧张；当你总是关注结果得失时，潜意识的匮乏感就会变强大，所以你不知道为什么就会变得很纠结。而当你把注意力放在成长和做事上时，潜意识的价值感就会变强大，所以你会越来越笃定；当你把注意力放在分享和成就人上时，潜意识的富足感就会变强大，所以你会越来越乐观。虽然我们无法控制潜意识，但我们知道这个原理后，就可以通过**行为反向滋养潜意识。**这就叫**用身体反救精神。**

在这方面，我给大家**三个原则，**帮助提升潜意识能量：

1. 专注高价值行为

高价值行为，指的就是能让潜意识感觉自己更值得、更强大的行为。怎么做到？我给你个秘诀，慢慢修炼，那就是：**学着像大人物一样做选择。**你平时很多事不是做不到，也不是没能力，而是你没去选择。你要相信，无论遇到任何情况，**你永远有选择权，不要把"重新选择"当作后悔之后的说法，要把它当成当下的做法。**举个例子：遇到问题时，大人物是抱怨、沮丧，还是想办法解决？那肯定是后者，虽然你的习惯或情绪想让你选择前者，但你要告诉自己，你是有选择权的，这次要选择后者。跟欣赏的异性吃饭，大人物会点头哈腰，还是会表达赏识、友善照顾？那肯定是后者，虽然你的情绪想让你选择前者，但你要告诉自己，你是有选择权的，这次要选择后者。

2. 修炼你的配得感、重要感

我见过很多女性朋友，由于原生家庭兄弟姐妹多，再加上父母重男轻女等问题，有好吃的得让着弟弟，有好机会也得让着弟弟，时间长了，导致其配得感不足，总感觉自己不重要，总是比较容易自卑，比较容易迎合他人。当然，我们有些人的配得感不足，也可能源于成长历程中的同学关系或老师评价等等。成年后步入职场，遇到表现的机会不好意思争取，遇到别人寻求帮助不好意思拒绝，最后导致自己受累还不讨好。

比如，你正在工作，突然同事找你帮忙，你要是一下子就转过头去，给他帮忙，你看你的注意力一下子就被别人的事吸引了，别人潜意识里会觉得他的事更有价值，你这个人没什么价值。但如果别人叫你，你说等会儿，你先弄完手头这件事再去帮他，别人就会觉得你的事是高价值的，你自己内心也会给自己贴一个自己很重要、值得别人认真对待的标签。

所以，**以后在遇到别人干扰时，让他等一等**，就这一个小动作，你的配得感、重要感立马提升。

3. 有难度的 1 万小时法则

相信大家之前都听过 **1 万小时定律**。这个定律最早是被畅销书《异类》的作者提出来的，在他看来，**1 万小时的锤炼是任何人从平凡变成世界级大师的必要条件。**

注意，他说的是必要条件，**不是充分必要条件**。不是大部分人理解的那样，只要每天投入 3 小时，坚持 10 年，就一定会成为世界级大师。那样的话，任何一个领域干满 1 万小时的人，都可能成为世界级大师了，这明显是不可能的。

真正决定人与人之间水平高低的，并不是工作时间的长短，而是真正用于刻意练习的时间。专业赛车手跟普通司机最大的区别，就在于专业赛车手**无一不是经历过千万次反复练习，让身体形成了某种记忆和本能，本质还是潜意识力量的差别**。而**潜意识力量，需要有难度的 1 万小时才能练得**。

哪怕是学习这件看着很容易的事，会学的，不见得记住所有，但他一定记住了关键，没记住他就反复看，记笔记。然后他不会束之高阁，会结合每一天为人处世的过程，去运用、去实践，做得不好也没事，他会再回来看，再复盘哪里做得还不够好，然后不断优化迭代。仅学习这一件小事，你都要坚持走"**学进去，练扎实，盘明白**"整个闭环过程，这就是有难度的 1 万小时刻意练习，也是在任何领域学有所成的必经之路。

其实本书讲的任何一个方法都不难，核心就在于你愿不愿意坚持，本质上不存在做不做得到的问题。只要你不放弃成为一个更好的自己，在每一件小事上去选择"愿意"，这些方法就随时准备为你服务，也必将助你成为一个能量强大、随时绽放影响力的人。